出色服務溝通力

善用四色人格溝通力，一眼掌握顧客性格

企業指定頻率最高的溝通力講師
莊舒涵（卡姊）／著

謝文憲

橘色代表
企業講師、作家、主持人

你身邊有沒有這種朋友，約看棒球，說走就走！「棒球」，可以替換成任何有點難度的臨時約會。

最近接了出版社著名作者：大衛．布魯克斯《深刻認識一個人》新書在台的演講導讀會，近百位讀者付費入場，看完它加上卡姊的新書後，我認爲《出色服務溝通力》就是「快速」深刻認識一個人的服務業操作手冊與落地指引。

社群媒體侵蝕生活，所有的祝福、安慰、理解、陪伴，都因爲社群發達顯得廉價，一場非常容易開啓的線上活動，您又眞正深刻認識多少人？或者我說：服務人員能夠好好的、出色的服務顧客多少人？

本書有三個值得購買與深讀的特點：

1. 卡姊就是落實應用本書的人

那天我跟她去看球，我們坐在外野統一獅的啦啦隊後方，她深刻認知我是橘色人，她話不多，靜靜的聽我講完五十多歲大叔的滔滔碎念，幾個細微的動作：幫我遞面紙、拿炸雞、收小旗，聽著我大放厥詞、指指點點戰術，就收服大叔的心。但若換一個場景，她可能就不是這樣的人了。她不僅是寫作者，更是實踐者，正因如此，她的書才更值得閱讀。

2.從谷底攀上顛峰的路徑

我參與了她從二〇一三年至今，十一年的講師成功歷程，從谷底攀上顛峰的所有路徑，我們在路上一起欣賞了美好風景，也度過大小難關，如果要我選一位講師接班人，只能選一位，我會選她，她不僅血統純正，而且落實所有我指導過她的教學方法與演說技巧。

一位講師，花了十三年，淬鍊一堂課程，聚焦且執著，認眞又努力，針砭所有人性行爲的細微服務流程，寫成一本書，不僅論述深入淺出，舉例更是入木三分，非常值得一讀。她不僅是成功者，更是挫敗者，正因如此，她的書才更值得閱讀。

3.是指引聖經更是工具好書

老實說，企管顧問的指引聖經好寫，因爲講別人都很簡單，要能寫出好的操作指引，加上輔以大量實例寫出應對模型，沒有大量實戰經驗根本做不到。坊間有許多人格辨識的門派，沒有對錯與好壞，但在Colors領域，卡姊絕對是佼佼者。

她看得出來我在籌備電影時期的落寞與沮喪，光是陪著我走完所有退款與致謝流程，就讓我感動莫名，她不僅是我的接班人，更是能取代我的超越者，在社群發達的此刻，光是能陪伴一個人走過低谷，就很不容易了，還能化爲行動支持，就是你一輩子該珍惜之人。它不僅是聖經，更是工具，正因如此，本書才更值得閱讀。

最後，我想聊聊她四十四歲生日當天，我看到的場景。

她約了四十四位生命中很重要的人與會（我知道不只四十四位），從她跟現場藍金綠橘不同人的互動模式就可以輕鬆判別：她的服務溝通不僅出色，而且還能應用在生活上，她做得如此之好，您也可以應用在您的服務流程上，做得比她更好。

本篇末，我想送兩句話給她與閱讀本書的讀者：

1.「寶貴的禮物，不是千辛萬苦找來的，而是等待來的。」這句話用在事業經營、男女交往、人生態度，全都適用。

2.「棒球比賽，兩人出局才開始。」卡姊的書與人生，都是越陳越香。

我喜歡本書，與卡姊這個人。

吳寶春
世界麵包冠軍

藍色代表

我是藍色人代表，藍色的代表字是「圓融」——藍色人喜歡人好，待人圓滑，判斷事情也容易遲遲下不了決定，多年前在公司經營管理上有一決策讓我反覆思考，直到認識了出色溝通，再經過深思熟慮、仔細思考三個月之後我做了一個決定，退下總經理一職，並交給一位綠色人（理性）來帶領公司前行，讓公司順利撐過疫情期間的所有困境，也在疫情後，持續穩穩地向上邁進。

之所以有這些清楚的認知，多虧了「出色溝通力」課程。起初，是因爲公司有內訓課程的需求，才有了首次跟卡姊的合作機會。

在數個課程提案中，人資主管不斷地向我說明，卡姊的出色溝通力，在業界是多麼的廣爲人知，很多企業團體課程在結束後，學員們的回饋都是正向有幫助的，這點就讓我對於卡姊與出色溝通力產生了強烈的好奇感。

還記得，課程一開始，就發了一張類似心理測驗的題目紙，要我們在規定的時間內，憑著第一直覺塡下答案，說著這樣就可以分析出每個人不同之處，保持有點疑惑的心情，我完成了這份作業。

出色溝通力將大家分成四種顏色，每種顏色都有數個專屬的形容詞，在接下來課程進行的幾個小時中，我看見公司的主管們，一邊檢視著最熟悉的自己，同時也一邊分析身邊一起共事多年的夥伴們，大家此起彼落、不由自主地露出驚訝的表情，我也是被十足的震撼到。卡姊明明是第一次與大家見面，卻好像已經是認識好久很熟悉的朋友一般，透過說話的方式判斷顏色，理解對方的個性區別，再按著技巧去進行溝通，讓整個對話，輕輕鬆鬆的達成主要目的。

四種顏色的區分，可以讓大家更了解自己的不足之處與怎麼改變現況，進而到怎麼跟身邊的人相處，進行更有效的溝通模式。推薦大家閱讀這本書《出色服務溝通力》，因爲溝通，是大家生活中最大的課題，天天都需要跟身邊的人進行大大小小的對話，如果可以將卡姊的四色溝通技巧運用在日常中，應該會有如魚得水的輕鬆感吧！

馬惠霽
國際珠寶精品總經理
綠色代表

認識卡姊大約八年了。

之前因緣際會上了卡姊的出色服務溝通力課程，真的是受益良多。不只是對顧客，對下屬、對上司、對另一半的溝通都有奇效。我學會時時提醒與體諒；提醒自己，身爲綠色人的我，要多給藍色人一些關懷、要多給橘色人一些空間。當金色的同事來問問題時，無須長篇大論說故事，而是簡潔有力地解釋並給出規則與框架。最重要的是，對自己有了更深入的了解。

身爲高級珠寶品牌經理人，我們面對的顧客形形色色。顧客是否購買與是否願意持續進店，雖然珠寶本身的設計、寶石佔了比較大的因素，但，最後決定購買的那一刹那往往是取決於銷售人員的服務以及給予顧客的感受。日前在某家百貨公司有一位非常難溝通的超級VIP，整個精品樓層的品牌對她都是又愛又恨。她可以出手大方，卻也無比任性。不合她意時摔東西都是常態（她不管摔什麼都會賠的）接待她的同事總是戰戰兢兢、壓力爆表。上完卡姊的課，原本滿腹委屈接待她的同事突然笑著跟我說：「老闆，我覺得這位貴賓是橘色+藍色的人，所以才會如此任性又感性。我現在知道要怎麼接待她了，跟她溝通的時候再也不會不知所措。」同事與店經理一起重新擬定如何跟這位顧客溝通的方向，在短短不到一個月內，成功銷售了一件兩千萬的全球獨一無二的項鍊。而且，重點是在這整個過程中，這位顧客一次都沒有發過脾氣。（她通常不管買什麼東西總是要生個氣或至少跺個腳什麼的，這也是爲什麼整個精品樓層的銷售人員都怕她的原因。）

另外一個例子。各大精品每年漲價已經是一種常態。通常，從收到總部通知即將漲價的那一刻起，前線同事們就會開始緊張。一方面擔心漲價後的過渡期業績，最主要還是擔心面對形形色色的顧客反應。上了出色溝通課之後，同事們已經學到如何針對不同顏色的顧客用不同的方式與說詞溝通，也就不再那麼緊張了。

還有，總部主管來巡察。以往，我總是不厭其煩的跟眾人耳提面命許多需要注意的細節。現在，只需要跟大家說，請注意！這次來巡的主管是什麼顏色的人。基本上大夥兒就已經有一個方向，心裡有數了。

好高興得知卡姊有新書出版，也很榮幸受邀爲這本書寫點什麼，期望看書的大家，也能得到跟我一樣的收穫與幫助。只能說，受用之處不勝枚舉，出色溝通，眞的是非常出色！

鄭均祥
言果學習創辦人／執行長
金色代表

前一陣子我在某個知名品牌的線上商城買產品，剛下訂單沒多久，我就接到銷售人員的電話。

對方主動告訴我，因爲我的採購金額高，而商城正在舉辦促銷活動，我只要再加購一個商品，就達到促銷活動的額度，可以在三項贈品當中選擇一項帶走。通常遇到這種狀況我是不會心動的，不過正巧其中一個贈品還不錯，所以我破天荒地重新上網更改訂單、加購商品。結果沒想到隔了幾天，我原本購買的商品卻遲遲沒有送來，我主動撥客服電話詢問，才知道原來我選的贈品已經送完了，店家這時才說希望我更換其它的贈品，這樣服務人員才能依約出貨，如果是你收到這樣的回覆，請問你會怎麼做？

如果客服人員姿態放低、頻頻道歉，通常藍色人，或許會體諒服務人員工作辛苦，嘮叨幾句，換個贈品也就罷了，但偏偏我是金色人，且還是個金色滿分的刁鑽消費者，最不喜歡意料之外的情況發生，遇到這種事情反而會激發我的鬥志，請問，如果你是客服人員，應該怎麼處理這個情況？如何一方面讓顧客更換贈品，二方面又不希望流失顧客呢？

有效地溝通，其實比想像中更困難，尤其是牽涉到顧客、訂單跟金錢的時候。Colors 出色溝通力，就是一個實用的工具，把人們的溝通特徵劃分成金綠橘藍四種主要顏色，讓任何人都能輕易分辨顧客的特性，投其所好，達到溝通目標。

在這個ＡＩ盛行的世代，有一天，當大家都越來越習慣跟ＡＩ對話的時候，跟真人對話將會變得比以往更加困難，因爲機器人不會抱怨、也不會反駁觀點，就算出言不遜，它還是會客氣地回應你，但是跟顧客溝通，對方可能一言不合就翻臉，你甚至搞不清楚對方爲何不滿意。

我本身是工作將近二十年的人力資源從業人員，接觸過各式各樣的人格特質分析工具，我發現 Colors 是當中相當簡明扼要，易學易用的工具。卡姊這一本《出色服務溝通力》整理了多種服務人員會遇到的溝通場景，不管是客戶抱怨要求賠償，或是邀約客戶參加公司宣傳活動，你可以將本書當作一本工具書來使用，只需要先分清楚顧客的四色人格的特徵，或是遇到對應的情境再翻閱本書找答案都可以。

回到我一開始說的故事，如果你是那位客服人員，你會怎麼做呢？對方顯然沒學過出色服務溝通力，沒辦法妥善應對我的狀況。

我聽完對方的說明之後，並沒有惡言相向，反而直接上店家的官網查詢，發現同一個促銷活動還在宣傳中，我既不想取消訂單，也不打算更換贈品，於是我委婉的告訴服務人員，如果官網資訊沒有更新，且訂單也成立，事後才告知贈品缺貨並片面要求我更換贈品，這整個過程是否涉嫌廣告不實呢？

溝通過程比我預期順利，店家顯然發現理虧，隔兩天，我採購的商品跟預期中的贈品，都依約送到了。這就是屬於金色人的溝通方式：一切按照規矩來談、據理力爭。這樣下次你知道如何面對金色的顧客了嗎？趕快翻開 Part2 四色顧客的應對技巧。

目錄

contents

目錄

contents

投顧客所好，適時換檔

我在培訓市場上有三門系列課程，分別是「出色溝通力」、「表達技巧實戰」和「內部講師培訓」，只要是出色溝通力課程，上課前我一定在講台旁，觀察著我的顧客（學員）走進教室裡後的言行舉止，從中尋找出誰是今天的「王協理」，王協理是誰？他往往是在當天教室中，在性格和行爲展現上相對歡樂有趣、具有領導風範特質、崇尚自由不受約束、喜形於色毫不掩飾。

爲什麼要找出王協理這樣的顧客呢？一早學員都是被迫走進教室的居多，心情大多不是太美麗，而身爲講師的我可以在開場時透過和這位「王協理」的對話互動，他的有趣性格一開口就能帶給班上輕鬆歡樂的感受，另外擒賊先擒王也算是一種拜碼頭的儀式，一早就先收買這位「王協理」的心，他受到注目時往往心情會很好，表現也會特別佳，這些氛圍都會感染坐在教室裡每一位學員的參與、互動和投入。

要怎麼樣才能精準找出誰是王協理？可以分別從表情的變化、進教室後的行為舉止、是否和他人有互動、彼此間交流談話的內容是什麼，像是：

「進教室後『大聲』跟其他夥伴們問好或狂聊著日常。」

「用字遣詞都相當直接，會調侃自己或同事的玩笑，有時也把公司政策、部門主管、顧客甚至是這堂課揶揄嘲笑一下。」

「開場後全班專注的聽著我做介紹，他會自顧自的眼睛不離開手機，卻偶爾用眼角瞥一下，看你有無在注意他。」

隨著課程進行到四色性格測驗的單元，學員們除了開始期待知道自己的性格顏色外，更想知道王協理是不是正如我課程一開始說的「橘色人」。猜對機率高達百分之九十，學員都會驚呼不可思議認為我是算命的吧！不過開始四種性格的解說，到橘色人的篇章時我將早上這位「王協理」走進教室後的行為做分析和性格連結，他們就會深信我不是算命師也不是心理學家，我只是善用了 Colors 這套工具。

偶爾沒有找到王協理則是因爲，班上沒有王協理啊！尤其去到傳產業、製造業，或者班上成員組成是以財務、採購、品管這些單位爲主時，更是少有橘色性格爲主色的工作者。

場景換到表達技巧實戰和內部講師培訓，課程屬性相較溝通技巧課程更加嚴謹，技巧不以多爲主，而是得在教學示範後立刻讓他們演練應用，由於在教室裡就明顯看得出他們在表達或教學能力的改善和提升，因此無須在開場時去找出誰是班上的王協理，並且教室裡頭需要的不是輕鬆歡樂氛圍，而是要營造出應戰的精神態度。

這時必須藉由課前錄音檔作業或文字中的表述方式，去找出誰是精準表述邏輯清晰的綠色人，進到教室後則是觀察誰會是溫和親切、與他四目交接時會微笑、在乎人際的藍色人。

在開場時我會用故事和經驗時不時就和藍色人做眼神上的交流互動，丟給他們的問題則是以封閉和選擇的方式，無論答對與否都會給予適當適合的肯定話語，鼓勵在大班級中較沒有自信的藍色人。

更會在話鋒轉到「爲什麼公司要派他們上表達的課」或者擔任內部講師時，刻意趁機點出某一位綠色學員作業表現得很優秀，表述相當精準有組織架構，稱讚他將哪個主題說得連我這門外漢都能懂，今天他只要在學會課程中的哪一個技巧，將會從一百分提升到一百二十分。綠色人能從你說出他的專業內容，到給予具體的肯定且又是他們在乎的邏輯和精準特質，打從心裡認爲你是位有料的老師。

越知道自己的產品特色，知道顧客在當下溝通、互動時的性格展現，知道不同性格特質顧客在乎的是什麼？期待的又是什麼？希望的互動模式是哪樣？越能清楚掌握在溝通、說服、服務或銷售上，如何一開口一行爲應對就能達到溝通的目的，更無須耗費過多的溝通時間成本。

這是我寫的第四本書，第一次覺得作者序比內容難寫許多，內容從每一個性格會有的展現行爲、會說什麼話、顧客的思維以及他在乎什麼，應對的具體技巧和方法有哪些，這些案例、判斷依據、應對準則等，是我十五年來，從服務產業工作的實務經驗到擔任職業講師，幫台灣百家以上企業進行出色顧客服務溝通、出色內部顧客溝通的課程中，擔任他們的神祕客、輔導銷售或服務人員所觀察到的顧客樣貌和服務現場。

這本書我從二〇二四新年第一天，以每日書寫爲目標，期許在百日內完成，我知道自己無論在工作或生活上都有橘色性格裡崇尚自由、不受約束到極致的狀態，而且相當缺乏金色性格中規範、紀律的性格，因此我從第一天即在臉書粉絲團公告周知，逼自己即使在日本 long stay，去到重慶、香港旅遊，在台灣上課，都要隨時帶著電腦，每天排入一個空擋時間，將 Colors 藍、綠、金、橘四色中的每一個性格，鉅細靡遺的寫下如何和該特質的顧客做溝通、互動、服務、說服或銷售。

寫書這段期間我更常刻意走入各式服務體驗，同時以顧客和觀察者的視角來檢驗各種性格特質顧客在接受服務時的樣態，也記錄下服務人員在溝通上較爲不自在、不知所措或較爲不當的溝通。

更多時候看著服務人員勞累辛苦的服務顧客，但因爲部分顧客的回應和應對方式，像是：無視、不回話、耳機一直戴著、臉很臭，就讓他們否定自己在服務工作上的價值；也有較爲老實的服務人員耐心的向顧客說著細節和規格時，被顧客直接駁回不想聽；還有新上手或不會拒絕的服務人員被顧客追問要給出明確的時間、要求額外的服務、價格的折扣時，不知怎麼回答和拒絕，只能站在那面露難爲的表情等著老鳥或主管來相救；當然偶爾也會遇上對著服務人員謾罵狂吼的顧客，即使最後安全下莊，但卻也將熱情給抹滅掉。

每當這時候我都好想化身成「藍綠金橘四色性格顧客行爲應對的行動百科全書」，讓服務人員知道，無論內部、外部顧客，他們剛剛出現了什麼行爲舉止、說了什麼內容，那就是某個顏色中的某個特質，那個特質的思維、價值和期待是什麼，所以用什麼方式來互動才能輕鬆省事且輕易即能達成目的。

歷時一百日的自我寫作挑戰，終於能將藍、綠、金、橘所有性格特質做拆解，也將所有應對顧客的技巧和祕訣寫在這本書中，更是教你如何從回流率和轉介率去算出顧客的終身價值，你會清楚明瞭把時間、精力、特別服務聚焦在價值高、忠誠度高的顧客上才更值得，同時強化展現出自己的服務價值。

期待熟讀這本書後能讓你做到「投顧客所好、適時換檔」，讓你在服務上的應對表現就像大谷翔平打擊時一樣，不先設定好要打什麼球、也不以固有的習慣去擊球，而是站上打擊區時視敵隊守備的陣型、投手的狀態，隨時變化讓守備都還沒能反應時已把球擊出，形成安打！

PART 1
爲什麼要在乎顧客？

communicate

1 讓顧客滿意容易嗎？

讓顧客滿意容易嗎？絕對是越來越不容易，只要身爲顧客對於服務就一定會有基本的期待，有人高有人低也有些人不在乎，而這條期待的線隨著各產業都強調「以客爲尊」和「顧客最大」的核心精神後，顧客的胃口被養得越來越大，以前會讓顧客發出「ＷＯＷ」的感動服務，現在都已變成是基本期待，這樣發展下去未來只會越來越難達到顧客的期待。

就拿便利商店來說，以前去到超商只要結帳沒有等候過久、錢有找對就會給滿意分數了，現在去到超商一支霜淇淋擠得不漂亮都會被拍照放在平台上公審；過去去到餐廳顧客在乎的是食物是否新鮮美味、服務態度是否禮貌客氣有溫度，現在幫顧客慶生時生日快樂歌唱得不符合顧客的熱情標準時，就會被寫在客訴單上說不如不要唱。

過去病患對醫院的醫師、護理師，是依據醫療技術和治療效果給予服務滿意的認定，而現今服務期待那條基準線是期許每一位醫療人員都要能夠提供更加人性化的關懷，無論是對病患對家屬都要能表現出同理心和尊重，能夠理解他們的需求和擔憂，並提供適當的支持和安慰。

如果服務的對象不是大眾，而是企業端，也是面臨著一樣的命運，以前對服務的期待是產品的品質穩定和交期準時，現在還會期待能提供顧客競爭對手的情報資訊、要有良好的溝通應對進退。

隨著顧客的服務期待越來越多，要讓顧客服務滿意是不是越來越難了？但也因爲不容易且有難度，所以你如果願意花時間將你所服務的對象，他們基本的需求、期待分別是什麼條列出來，就能清楚知道當未能達到哪些需求時，將會引來抱怨、或提出客訴，而你若能做出超越基本期待需求的服務，就能得到他們的那一聲「WOW」。

我在不同產業、公司上「出色服務溝通力」課程時，都會帶著學員們做「顧客的期待」這項討論，從下列這幾張表所列出的顧客服務期待，不難發現一樣都是顧客服務，但因爲產品、品牌、價格不一樣顧客的期待就會完全不同。

顧客的期待——醫藥器材門市人員

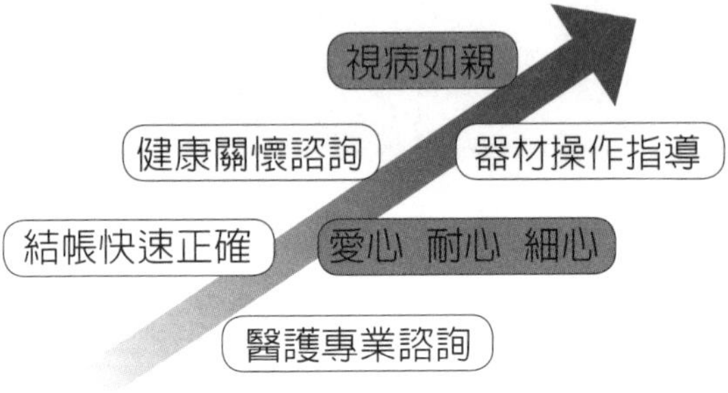

顧客的期待——技師

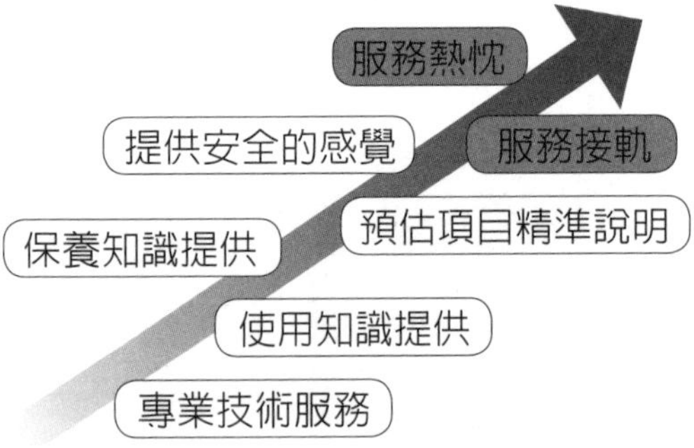

顧客的期待——形象專員

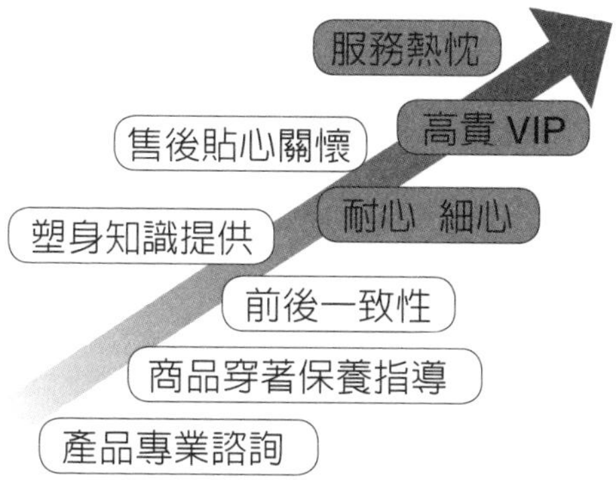

顧客的期待——技術工程師

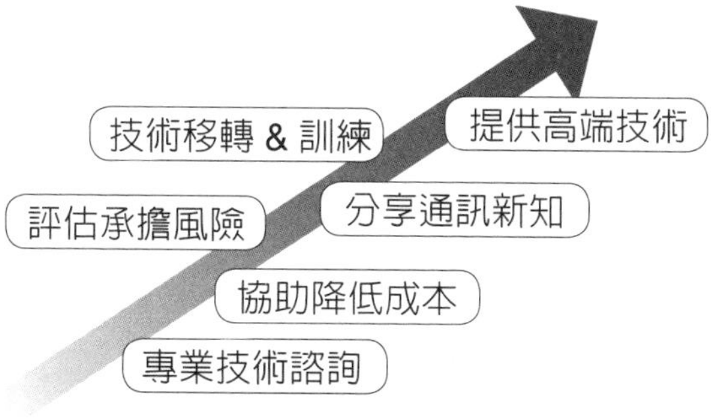

我們先從自己是顧客的心理去想一下，在 7-11 公共空間、路易莎、星巴克和藍瓶一樣都是喝咖啡，但對於店員提供的服務期待一定有所不同，同樣的，我們分別在網路商城和精品店買一件衣服，要做退換貨時一定也有服務期待的差異。

因此當你要寫下顧客的期待指標時，可以先整理列出以往常被顧客反應或抱怨的問題，再來列出若身爲顧客你一定會期待需要的服務有哪些，當然同等級的競爭對手有哪些服務是你所沒有的，也可以列出作爲參考，那個服務指標有可能是顧客選擇了他們而不選擇你的原因或關鍵要素。

爲什麼我們要如此在乎顧客在服務上的感受呢？又爲什麼要追求顧客滿意，甚至讓顧客對服務體驗發出讚嘆WOW的聲音？

當顧客對服務感到不滿意時，有些顧客選擇隱忍不說，有些顧客選擇算了，但也有些顧客會把沒有達到該有的服務期待、不舒服的感受用最直接方式表達，例如透過打客服電話或其他官方管道提出抱怨，而我們在接收顧客回饋的當下容易深感不舒服，尤其是盡心盡力服務卻得到負面的反饋，但這卻是對未來在服務上的改善提升最有實質的助益。

相較於現今有更多顧客感受到不滿時，選擇在社交平台、官網留言區或透過文字或圖片將不滿做記錄和分享，有些則是以影像形式像是長、短影音的方式來做散播，顧客們無非是要透過個人影響力，也或在自己的同溫層中，來闡述自己對服務體驗的不認同，試圖影響大家未來在選擇上意願。

同樣的當顧客相當滿意服務時，上述的這些散播行爲也一樣會發生，只是往往服務抱怨散播的速度和力道遠甚於讚嘆的聲量，那是因爲人們對負面情報的敏感度較強，尤其在社交媒體和口耳相傳中表現得更是明顯。無論是正面或負面感受的評論、分享和散播，都是一種「口碑行銷」，可以是刀也能是刃，端看帶給顧客的服務感受是超越期待WOW的感動服務，還是低於期待的OH～SHIT。

顧客滿意到底容不容易呢？其實你若能明確知道顧客眞實的期待是什麼，要讓顧客滿意是不難的，最怕的是你自以爲顧客要什麼，而那剛好是顧客最不在乎的，完全做白工外還有可能被客訴或導致顧客選擇離去。

這個眞實案例是我一位服務業課程學員，結訓後半個月和顧客互動時的改變：他在南部一家科技業擔任業務人員，以往的他認爲只要是業務應該都要能言善道，更是要會閒話家常，因此他第一次去到某大廠做業務拜訪時，就和採購主管聊起了尾牙請韓團這個議題，那位主管完全沒有回應一句話，一旁的採購同仁也只有尷尬地回了一兩句，而主管對該業務態度開始變得愛理不理，學員百思不得其解，只覺得顧客眞的很難服務。

在課程結束後學員把這名採購主管作爲課後學習應用的對象，他去思考顧客的期待是什麼後，根本就沒有要陪閒聊哈拉的期待，加上該位主管性格上是一個在乎工作效率和凡事都要有意義的顧客，因此再次拜訪時這位學員做好了萬全準備，絕口不提工作外的事，開門見山就聊業務範疇的事情，並且還提供了一份其他公司正在研發新技術的比較資料，這位採購主管會議上頻頻點頭專心的聽著業務分享，滿意到事後還傳了 Line 跟這位學員說謝謝。

看到這，不妨先停下來把顧客對你會有什麼樣的服務期待列出來，唯有服務的心力和力氣用對地方，才能事半功倍。但僅是如此只能讓顧客感到滿意，有時滿意的顧客並不一定是忠誠的顧客，接下來我們來談關於顧客的兩個指標：滿意度與忠誠度。

2

做好顧客服務的目的是什麼？

顧客服務的目的是爲了什麼？透過產品或服務來滿足顧客的需求、解決顧客的問題，當顧客在服務體驗上有良好且正面的感受時，得以建立良好的關係，就能強化顧客對產品、服務、品牌的滿意度和忠誠度，以此創造銷售及業績，長遠來看也能爲品牌、形象累積口碑、知名度和信譽。

無論是解決問題、建立關係、創造業績、累積口碑、知名度和信譽，最終都是爲了能「賺錢」。最終目的若是賺錢，兩個關鍵指標「滿意度」、「忠誠度」決定了能否讓顧客留得久，且帶來更多的利潤。

在前面已經探討過滿意度如何產生了，而忠誠度則是來自先讓顧客對服務擁有了滿意度，才有機會讓顧客產生忠誠度，所以再次強調一定要列出顧客對服務有什麼樣的期待，試著超越他們的期待製造出WOW的感動服務，才能有機會

讓顧客進入忠誠區域。（如左圖）

服務期待基準

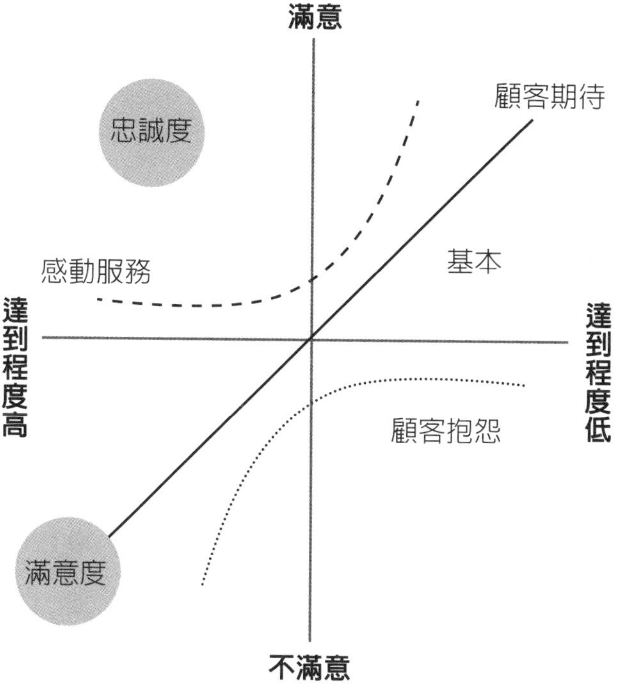

顧客的滿意度和忠誠度高低將影響著顧客所帶來的利潤，分別來談滿意度、忠誠度高低四種狀態下，顧客會有的後續行為和影響。（如左圖）

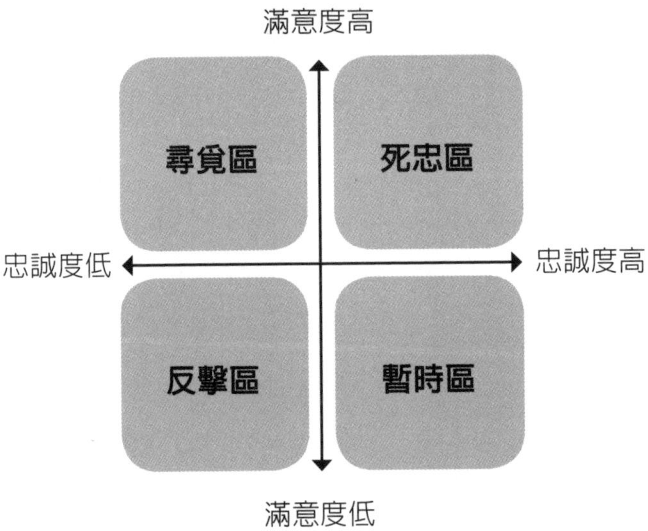

反擊區：低滿意度、低忠誠度

不滿意服務並告訴大家有多不滿意

十五年前我感覺身體有些異狀，前去一家知名大醫院做檢查，那天做了超音波後醫師要我隔一週請媽媽來一趟，他再一起說明報告，那一週我處於極度急躁狀態，都快三十歲還要父母一起來聽，究竟是什麼嚴重的症狀。

一週後再次去到醫院，等了一個多小時才輪到我最後一號，一走進去醫師都低著頭在打字沒有抬過頭，第一句話是對著護理師說：「快一點，我要下班了啦！」我媽媽開口問她：「我女兒怎麼了？」他依舊低著頭看著電腦說：「應該是巧克力囊腫，約七公分大，建議要開刀。」毫無觀念的我就問了醫師：「請問爲什麼會有這個？」醫師竟然回答我說：「你問我我怎麼會知道。」

我和我媽對看了一眼後，還是客氣的謝謝他，走出來後我跟我媽說：「我才不敢給這醫師開刀，我想換去馬偕醫院。」最後我是在馬偕醫院開刀，而且醫院檢驗出左右都有腫瘤，另一顆也有四公分大小，聽到這個病狀，我跟家人們說：「以後就算在那家知名大醫院門口被車撞了，也不准把我送進那家醫院去。」

在課堂上說這個案例時，我都會不避諱的把第一家醫院名字說出來，雖然一位醫師不能代表整家醫院，但顧客只在乎自己在服務上的感受，因此當低滿意度加上低忠誠度時，顧客會選擇告訴周遭的人自己是不滿意的，告知服務有多糟糕，並企圖影響大家不要去。

尋覓區：高滿意度、低忠誠度

雖然滿意服務，但會尋找更好的服務

我家附近有家書店，我幾乎每週會去那逛一次，除了翻一翻排行榜上的書之外，也會逛著他們分區陳列的新書，有時候會在店內附屬的咖啡店點杯咖啡，拿著一本書在裡頭一坐就是兩到三個小時。

只不過看中有興趣想買來慢慢看的書，是用手機記下書名，回家再用電子書閱讀器下單購入，即使我是金卡會員每個月有一本書可以七折購買，但我已經習慣用電子書閱讀，一年最多就只會在那買兩本實體書。

雖然顧客對於服務有著高滿意度，但有可能對於價格敏銳度高、對品牌還未有強烈黏著度、沒有情感連結或信任……等原因，當出現他認爲可能更好的服務時，顧客就會轉向其他服務。

死忠區：高滿意度、高忠誠度

相當滿意服務，並且告訴別人這服務有多滿意

我上課前一天都會先去讓設計師幫我整理隔天的髮型，我們家住在板橋，如果要去合作八年的設計師在台北的美髮店，來回得花一個半小時，其實我住家附近有超過十家美髮店，費用上每次也少了一兩百元，但我依舊每週去兩到三次。

第一次遇上這位設計師是當時頭髮被燙壞，經過朋友介紹前去，她的專業技術把我拯救回來，從此我的頭髮就再也沒有被其他人碰過，因爲只有這位設計師知道我頭髮要怎麼整理，她整理的頭髮睡一覺醒來，我只要簡單用吹風機吹一下，就能有一個不毛躁不扁塌的髮型，我身邊朋友有因爲我的介紹全家都變成她的顧客，也有講師朋友原本已經無解的髮型去找她處理的。

當服務超越顧客的期待，讓顧客成爲忠實顧客時，即使價格高、不便性、等待時間較長……等，都還是會讓顧客不離不棄，而且還會到處分享有多喜歡這個服務，並且試圖影響別人也能和他選擇一樣的服務。

暫時區：低滿意度、高忠誠度

不滿意服務，但暫時別無選擇，只好先待著

我每個月都有些工作衣服得送洗，冬天春天換季時每件大衣和圍巾也都得送去乾洗，而我住的住宅區每條街上都有一到兩家洗衣店可以做選擇，只有附近有一家洗衣店即使是送洗一件，也願意來收和送。

但這七年多來，有一件精品大衣綁帶洗到不見，老闆只說了聲抱歉卻沒有其他表示，有些鈕扣送洗後變得鬆脫嚴重，這些服務都相當令我不滿，無奈在我家附近只有這麼一家能無論件數且配合我的時間做收送的洗衣店，所以雖然消費者對於期待感到不滿意，在目前別無其他可選擇的替代方案、整個市場被獨佔壟斷的情況下，只好繼續存留。不過顧客可能會到處抱怨不滿意的服務感受，未來若出現能提供一樣的服務且感受性更好的店，相信大家都一定會二話不說的選擇離去。

除了死忠區顧客外，想一下其他三區的顧客你認爲哪一區是最難起死回生的？爲什麼？答案是尋覓區，因爲顧客對於服務是感到滿意的，因此無論你做再多的服務都無法改變顧客尋覓的態度。而在反擊區和暫時區的顧客，如果你能處理、改善他在服務上不滿意、不舒服的點，顧客反倒是有機會能轉入忠誠區域。

盤點一下你手上的顧客名單分別在哪一區？請檢視自己的服務帶給顧客的感受大多落在哪一區？假使你也認同顧客服務的最終目的是賺錢。搭配我們即將要談的顧客終身價值後，不同區顧客的服務模式和關係經營風格就應該有所區別。

3

顧客的終身價值是多少？

顧客服務的目的是賺錢，那麼顧客帶給你的價值是多少呢？如果你腦中想著「無價」，這樣的思維觀點是需要調整，當產品和服務都是有價提供的時候，才能計算出顧客的終身價值，能明確定義出每一位顧客的終身價值，就更知道如何提供和滿足該顧客的服務期待，創造顧客的高滿意度才有機會同時使其成爲高忠誠度的顧客。

這道理就像是大家熟悉的搭機服務，不同艙等因爲顧客付出的價格不一樣，航空公司從行李件數、報到、休息室提供、上機順序、機上座位區域、座椅大小和舒適度、餐點、餐具到下機順序這些硬體上的設備就會有所不同，此外空服人員和顧客的人數比例、噓寒問暖、記住顧客名字和樣貌，不同艙等有很明顯的差異，航空公司依據顧客的價值做等級上的區分，進而提供不同的服務體驗或感受。

顧客的終身價值要怎麼計算出呢？在計算前得先知道搞懂這三個名詞的定義，分別是「回流率」、「滲透率」和「轉介率」，這三個詞分別所指的是：

回流率：顧客再次購得產品或服務的頻率

像是：每次要按摩都指定同一個設計師，這也就是店裡會稱呼老點（老顧客指定）的原因；另外像是完全不考慮其他品牌只認定某個品牌；還有對於好用的產品、好吃的餐廳、有成效的課程……等，都不斷的重複性消費。

會產生回流率的顧客，從滿意度和忠誠度兩個指標來看，大多是落在「死忠區」、「暫時區」的顧客。（如圖 P36）

滲透率：顧客購入非回流的其他產品或服務的機率

例如：過去在店內做腳底按摩、指壓，但現在也消費了修護腳的項目；原本只有在旅遊時購買旅遊平安險，後來開始請業務員幫忙規劃醫療險；從合作飯店房間的代售到請求協助定價策略；買機車之後回原廠保養、更換原廠零件。

顧客因爲對於服務感到滿意，願意再多做其他的消費，從滿意度和忠誠度兩個指標來看會是落在「死忠區」，而「尋覓區」的顧客因爲有著高滿意度，在他還未尋得新的服務前，是有可能會做其他消費的。

轉介率：因爲認同且喜愛該服務或產品，願意向他人做推薦的機率

例如：幫家人朋友預約自己時常指定的按摩師傅；在臉書貼文分享CP值高的共享空間；開團買好用的掃地機器人；透過演講分享或錄製長短影音介紹喜歡

的旅行社和行程；喜歡網站規劃設計人員的全方位服務，提供子公司和關係企業公關負責人聯繫資訊。

會在自己用了後做轉介、分享的顧客，一定是對服務感到相當滿意，更多時候是超越顧客一開始未體驗服務前的期待，從滿意度和忠誠度來看以「死忠區」的顧客發生轉介機率最大；「尋覓區」顧客偶爾有機會，但大多非主動做轉介，而是被親友問及有無建議或推薦時，才會提供給對方做參考。

從「回流」、「滲透」和「轉介」這三項要素就能夠估算出顧客的終身價值，在這以超商顧客來做示範。

回流：每月平均在超商的消費

滲透：超商現有商品外，像是預購、或店長自行揪的團購物

轉介：沒有偏好任何超商的親友、或試圖影響會去其他超商消費的顧客

回流計算：

每年消費：1千元／月×12月＝1萬2千元

一生以30年計算：1萬2千元×30年＝36萬元

滲透計算：

一年抓1千元

一生以30年計算：1千元×30年＝3萬元

轉介：顧客每年為該超商轉介2位（這數字是偏低的）和自己消費模式習慣同等級的顧客，一生幫該超商轉介20年就好，一生就會轉介40位同等級消費的顧客

轉介計算：40位顧客×36萬元＝1千4百40萬元

一位顧客的終身價值是：36萬（回流）＋3萬（滲透）＋1千4百40萬元（轉介）＝1千4百79萬元

從這一串算式明顯的能看出要讓顧客終身價值完整兌現，最主要的貢獻會來自「轉介」，願意為自己轉介的顧客多數會來自死忠區，在這一區的顧客多嗎？你該如何與他們互動，讓他們享有WOW的服務期待？

暫停區的顧客忠誠度高，只是滿意度很差，只要願意做改善讓服務先達到顧客基本期待的需求線即可，這群顧客和尋覓區的顧客相比是更容易轉移到死忠區，所以只要能改善服務就能讓顧客主動爲產品或服務做轉介。

你有去計算過顧客的終身價值嗎？當願意花時間去計算、整理每一位顧客的終身價值，才能像航空公司一樣精準的把顧客做分級，提供顧客對等的服務期待，不要憑感覺認爲誰是ＶＩＰ，因爲有些顧客很好溝通、服務時也都給予正面回饋也有回流、滲透和轉介，互動關係是顧客也像朋友，但計算出每一位顧客的終身價值和排序後，才發現以爲的ＶＩＰ根本不在前十大顧客排行，然而卻花了很多心思與時間在他身上，也就是他每次都只有付經濟艙的價格，卻都被升等到頭等艙。

即使你有可能只是服務工作者，並不需要做顧客關係管理，例如保全人員、收銀售票、空服人員、餐飲員工等，但如果大家都能去試算顧客的可能價值，未來你在服務顧客的當下，就會知道滿足眼前顧客的期待和感受能爲老闆和公司帶來多少價值。

算算看：

拿起筆把顧客的回流、轉介、滲透先用一個大略的平均數填入，算出顧客大約的終身價值是多少？

回流計算：

每年消費：（　　）元

一生以30年計算：（　　）元×30年＝（　　）元

滲透計算：

一年（　）元

一生以30年計算：（　　）元×30年＝（　　）元

轉介計算：（每年2位，轉介20年）

40位顧客×（　　）元 帶入顧客30年的回流 ＝（　　）元

顧客終身價值計算：（　　）元 回流 ＋（　　）元 滲透 ＋（　　）元 轉介 元 ＝（　　）元

這數字還告訴你一件事，當顧客不滿意選擇離去進入到「反擊區」時，帶來的損失不僅是這個數字，因爲顧客會去告訴其他人他有多不舒服，並且還會試圖影響他們的選擇，不要多、十個人就好，失去一個顧客的損失比你想的還要多很多，這時你就不會再認爲「反正也不差你一個顧客」了。

4

顧客千百種怎麼符合需求？

我有個朋友在信用卡客服中心工作，有次她和我聊到工作的無奈，認爲客服眞是一份吃力不討好的工作，就算是業務上的犯錯、企劃上的不完美都是其他部門同事造就，但卻都得由他來做爲顧客反應、抱怨的窗口，每天充滿著滿滿的負能量。

我聽著他抱怨也沒多說什麼，只是問了他：「每天狂收負能量，你竟然也做了十二年，你是怎麼排解這樣的情緒感受？」

他得意地說著：「我就是嘴巴愛說，想要得到你的拍拍而已。其實還滿愛這份工作，每天上班就是拆炸彈，偶而還能得到顧客的感謝或讚美。」

我拍了拍他肩膀以示安慰後，他繼續分享：「顧客反應的問題，可能是在反應產品、品質、安全性、服務態度……

等，但絕不是在怪我，我只會把焦點放在顧客要反應什麼事，至於那些不滿的口氣、用字和謾罵，都會完全過濾掉。」

多數顧客在表述上會把事件和情緒混在一起說出來，不光是在抱怨時，而是在服務的任何時候都會，當顧客把服務需求與期待說出的時候，要怎麼去分辨他究竟要的是什麼？有沒有隱性未說出口，而那其實才是他眞實所期待的服務呢？

當顧客提出服務期待需求時，可以辨識出顧客所分別期待的立場需求和感覺需求是什麼嗎？

「立場需求」是指顧客對產品或服務的期待看得到、摸得著有準則依據，所以也能稱為實物需求。

「感覺需求」是涉及到顧客的情感、情緒、感受上的期待，因此也能稱爲情緒需求。

下面這段顧客所提出的反應是我在Google評論看到，也是很常見的抱怨和服務回應方式，看完案例後，不要急著看我的解釋，請先試著辨識寫出這個案例中「立場需求」和「感覺需求」分別是什麼？

「今天去按摩體驗感很差，師傅用蠻力在按，整個過程非常不舒服，換姿勢按完也不會把腿喬放回去，然後邊按還邊打瞌睡，在耳邊偶爾還聽到打呼聲，到底我是來放鬆的，還是讓師傅偷懶的，一個小時過得很漫長，花了錢找罪受，不推。」

立場需求（**實物需求**）：按摩手法不應該是用蠻力、移動顧客四肢按完後應該要擺放回位置、上班中不應該打瞌睡。

感覺需求（**情緒需求**）：損失的感覺、感覺被粗暴對待、未能處於放鬆狀態。

當顧客反應這樣的事情，你認爲他的眞實需求和期待回應是什麼？又應該要怎麼回應才恰當呢？

Google 上店家是這樣回應的：

「您好：很抱歉讓您此次來訪感受不佳，讓您無法在過程中感到放鬆舒壓，深感抱歉。本店有提供前十分鐘手法不合適，可更換師傅的服務，本店會依此事件：

針對員工做個別的檢討，也會再加強員工的訓練，真的對您深感抱歉。希望您能再度光臨，非常感謝您的評論讓××可以改進，謝謝您。」

這樣的回覆你會從不滿意不忠誠的「反擊區」移轉出來嗎？顧客看到大概有這幾種反應：

1. 只是一句深感抱歉就算了，那我花了的按摩費用損失呢？而且打瞌睡根本不是合不合適的問題，是本來就不應該睡覺吧！
2. 你檢討員工和加強訓練關我什麼事，完全沒有想要解決的意思。
3. 竟然還希望我再度光臨，你不知道你們師傅就是在十分鐘後才開始打瞌睡的嗎？講的好像我沒提出換人是我的錯一樣。
4. 至少有回應，沒有當作沒看見，希望他們眞的能改善。

要怎麼回應才恰當呢？說實話，沒有標準答案，上述的回答有的顧客能接受，有第一、二種反應的顧客在乎的都是立場需求大於感覺需求，而第一種顧客更在乎金錢損失，因此他的立場需求是退費給他或給予折扣券。而第二種顧客認為提出的方法是本質上本就該做的，他要聽到具體說出錯在哪，具體改善方法又會是什麼。

第三和第四種顧客在這個事件上，他們對服務的期待則是感覺需求多於立場需求。先說第四種人，當看到文字中提及「來訪感受不佳，讓您無法在過程中感到放鬆舒壓，深感抱歉」，再看到「本店有提供前十分鐘手法不合適，可更換師傅的服務」他可能會開始自責當下自己為什麼要不好意思而沒有提出。

第三種顧客看這些文字後會認定這是官方回答，只是形式上做做樣子，他期待文字上能直接承認錯誤，可以指出顧客有多犧牲，而師傅是多麼的不專業和工作態度的不敬業。

我把第三種放最後分析解說，是因為從顧客的用字遣詞和口吻，就能分析出他遇到這種事情時是什麼性格的狀態，因此不能在一開始就說要退費給他，這會讓他更怒，而是用上述的方法後，請他再給一次機會由店家來招待他。

面對不同性格的顧客，他們在服務上的要求、在乎點，立場和感覺需求的順序都不會一樣，你當然也可以用一種方法去面對每一種人，只是成功的機率會偏低，也會耗掉許多溝通成本。

甚至有些事和A可以聊及隱私話題，和B聊卻被投訴或冷眼對待；和C介紹產品的相關知識他聽得津津有味，和D說起時他卻哈欠連連，表示無趣；也有時候跟E只要說大重點即可，但F就認爲你不夠謹愼，細節都沒說。

這就像家中爸、媽通常要用完全不同方式溝通才能順暢，兄弟姊妹性格也都有差異之處，當誰只吃硬、誰吃軟不吃硬都瞭若指掌時，就知道什麼事拜託誰比較有效。回到顧客服務也是如此，從顧客的言行、舉止、說話表述方式、思考模式、用字遣詞、溝通互動時所提出的問題，一樣的事件反應是什麼，你就能立刻判定顧客正用什麼性格在和你做應對，再以該性格期待的方式與之互動就能事半功倍。

提醒你在學習應用性格工具 Colors 的初期，因爲還沒有很熟悉，即使是老顧客在每一次交流互動時，還是請你觀察在溝通的那個當下，他正以什麼顏色的性格與你互動。我們用四種顏色來做區分，分別是藍、綠、金、橘，每個人四種性格都會有，只是該性格的強弱多寡，也就是有可能他在聽說明時是橘色不拘小節的性格，但他在體驗服務時卻以綠色要求專業技術到位，不想被問及隱私。

在進入四個顏色的解說前，你可以先試著寫下過去在做顧客服務時，顧客有哪些行爲、風格、話語是讓你感到不舒服、不自在或是害怕的，這些你寫下來的特質，等你開始讀四個顏色的性格特質時，你就會找到未來如何與他們應對時的技巧方法，就能更加從容自在、應對自如。

PART 2

針對服務時常見問題，四色顧客的應對技巧

communicate

四色性格特質

綠色顧客

在與綠色人互動後，你會深感綠色人善於分析與擬訂願景策略。

特質：系統化的邏輯思考力、計畫深具遠見、表達精準具體、喜歡問為什麼、不斷追求卓越和效率、極具嘗試精神、持續累積知識、態度沉著冷靜、強化效率、重視隱私。

橘色顧客

橘色人給他人的深刻印象是靈機應變、活力無限。

特質：掌握眼前機會、具冒險精神、展現熱情活力、喜怒形於色、不受約束且崇尚自由、帶動歡樂氣氛、使命必達、天生具備領袖魅力、溝通上能言善道、應變能力極佳，即知即行的行動力。

金色顧客

金色人第一眼給人的印象是中規中矩，相當實在，可信任的感覺。

特質：善於理財、審慎評估後才行動、做事參照標準流程、守規範重紀律、謹慎行事、重視時間觀念、事前排程規劃、做事認真盡責、秉公處事、遵守傳統美德。

藍色顧客

第一次與藍色人接觸，你會感受到他待人溫和、真誠，和他相處相當自在。

特質：重視他人感受、重視心靈交流、覺察力高度敏銳、積極傾聽、具有同理心、善於表達謝意與情感、重視和諧氛圍、待人掏心掏肺、在意他人眼光、思維感性。

內容參考自《讓人無法拒絕的四色人格溝通》（方舟出版）

1

讓顧客願意花時間等待成果

案例：與顧客的合約中有明確完成各項目的時間點，然而顧客卻在專案進行時，提出要你調整某些網頁設計和增加功能，但同時又要求得依合約時間如期完成。

你該如何說服顧客，讓他能夠同意你得按合理的工作時間使專案延期完成？

綠色顧客

應對方法：和顧客分析增加功能所需要的技術是什麼，需要增加幾個工作日程，以及這個功能「現階段加上」與「完成後再加上」的差異。

之後讓顧客自行決定，要按原本設計的如期完成後再加上新功能，還是現在就加上新功能但會延後完成。

應用原理：提供精準的數字和專業分析讓綠色人自己去思考，同時也把選項從能否如期完成，調整成讓顧客決定功能是先加或後加。

橘色顧客

應對方法：和顧客約個時間視訊或親自拜訪，彼此討論如果想要如期完成，可能彈性的作法有哪些。

當顧客提出不合理的方法時不急著否定，而是把他當成無敵萬能的高手，請他建議你，是否有其他能提高可行性的方法。

應用原理：見面三分情，尤其是橘色人，見面時讓顧客有他是高手的感受，你請他指點你，顧客往往會想到可變通的方式。

藍色顧客

應對方法：可以先讓顧客聊聊會提出這些新要求的原因為何？再讓他知道你很想做，但會遇到的困擾或挑戰是什麼。

最後再請他諒解你，表示雖不能保證如期完成，但會試著為他試試看。

應用原理：藍色人不太會做出不合理的請求，往往是無奈地被迫，因此先讓他抒發，再釋出你也希望他能同理你的立場。

金色顧客

應對方法：讓顧客知道新增功能會導致延遲的原因為何，假使需要增加新功能但又得如期完成可能會存在哪些風險發生（可以從品質、穩定性、完整性來說明）。

此外，也可以用原有合約中的條款與時程來表示如期的不可能性，最大限度可以有的彈性會是什麼。

應用原理：金色人雖在意能否如期，但相較於風險，品質和正確度、完整性也會是他相當在乎的。

2

對顧客錯誤觀念、行爲的導正

案例：顧客買了帆布鞋半年後，回到店內反應鞋子洗了後偏黃，質疑產品本身有問題，你該如何回應顧客並且能讓他知道正確的洗滌、保養方式？

綠色顧客

應對方法：先告知顧客清洗前的泡水、和洗後的日曬，都會容易導致鞋子發黃的原理是什麼。

不需要問顧客是以什麼方式做清潔，只要直接建議他不要將化學劑殘留在布料中和紫外線加速氧化，鞋面就不會發黃。

應用原理：說出原理讓綠色人知道，他自己就會發現是方法錯誤，無須刻意要他承認錯誤，使其保有面子。

橘色顧客

應對方法：讓顧客知道十個洗鞋九個都會發黃，唯一的那一個是因為他知道不能泡水和日曬。接著話鋒可以轉向有個新品是否有興趣參考。

應用原理：橘色人不愛被直指錯誤，因此要以婉轉方式讓他知道即可，利用焦點轉移是讓他有台階可下，避免聚焦在他錯誤的事情上。

藍色顧客

應對方法：可以說自己以前不懂正確洗鞋方法時，也遇到一樣的狀態，再讓他知道清洗時的兩大罩門分別是：洗前泡水和洗後日曬。

最後可以和顧客分享不泡水、不日曬要怎麼讓鞋子洗乾淨和快乾。

應用原理：給予溫和的口氣表情，讓他知道不是只有他這樣，並告知正確的方式，常常藍色人最後還會因為自己的錯誤而賠不是。

金色顧客

應對方法：問顧客洗滌的方式是什麼，再從中去斷定鞋子會發黃的原因。最後清楚告知他自行清洗時的頻率、方式，並須避免泡水和要晾在曬不到陽光的地方。

應用原理：對待金色人可以用醫師看診的方式，讓他告知狀態後，再由你來說明原因，最後同時把要避免的方式都讓他知道。

3 顧客表示買貴了，要求退差價

案例：顧客上週在店內買了水氧機，因爲需從其他門市調貨，今天才前來取貨，適逢百貨全館優惠折扣活動，顧客看到優惠價格後，要求退差價，你該如何和顧客互動，讓他不再因此事而吵。

綠色顧客

應對方法：讓顧客知道訂單已於上周完成並付款，程序和系統上都無法再對之前訂單進行價格上的調整，這樣的通則在所有店家和網路商店都是如此。

應用原理：綠色人對於價格差異這件事，並不會是最為在意，看到價差往往是隨口一提，別表現出一副不好意思的樣貌，有自信的表達出原則即可。

橘色顧客

應對方法：先讚美顧客眼光很好、品味很獨特，說這款商品是爆款商品，總是缺貨。

告訴顧客沒有直接退價差的方式，要退貨退費得寫申請單到總公司去很麻煩，且在等待的時間中有可能讓好不容易調到的貨被別人捷足先登。如果為了價差退貨，就要連同商品一起退還。

應用原理：別對橘色人說做不到，或公司規定，但能掌握「怕麻煩」這個特質，讓其知難而退。

藍色顧客

應對方法：讓對方知道，每年只有特定節日或配合百貨活動，才會有打折的價格，可以詢問是否願意加入群組，未來有活動可以通知，讓他能有機會知道優惠的活動日期和期間。

應用原理：讓藍色人感受到你也很想為他省荷包，只是過去的無法改變，不過未來是可以做到的。

金色顧客

應對方法：讓顧客知道他購買的時候帳已經結清了，全館優惠活動尚未開始，而如今配合百貨商場活動期間產品才有給予優惠，非公司本意。

再說明讓顧客知道，自己由於寄人籬下必須配合百貨活動公司只能在期間內犧牲利潤，請他諒解。

應用原理：金色人往往是先產生了被騙了的感受，因此要先解決感覺需求，才告知無法退價差。

4

顧客對於已維修後之商品依舊出現異常，深感不滿意

案例：顧客家中冷氣故障，安排了師傅去做修理，維修後當場測試問題已解決，但不到幾天的時間，相同的問題又出現，顧客來電表示非常不滿意，你該如何回應顧客的不滿？

綠色顧客

應對方法：先表示讓顧客再次不滿意、耽誤了他的時間感到抱歉，雖然得請師傅檢視才能確認真正的問題，但建議先徵詢顧客有無期待的解決方法。

應用原理：綠色人假使再次遇到一樣的狀況，多少都會先爬文找尋相關文章或理論，有時倒是能把它當成老師般的求教，前提是一邊聽他述說，要一邊肯定他研究的精神。

橘色顧客

應對方法：若顧客有情緒上的宣洩，就讓他先發洩完，自己不要往心裡去，也不要跟顧客說類似：「不要生氣、對不起」這樣的話。

提出能因應的二到三個方法，讓顧客自行依據他的習性或喜好做選擇。

應用原理：要橘色人再次處理一樣不是他造成的問題，通常會讓他暴怒，所以讓他好好表達情緒感受是關鍵，最後不要強迫橘色人接受安排，而是讓他自行做選擇。

藍色顧客

應對方法：先表示對這樣的情形造成顧客生活不便和困擾感到抱歉，接著提出會安排師傅協助把可能仍有的問題點一併找出，並且謝謝顧客願意再次反應讓公司有服務的機會。

應用原理：願意主動先跟藍色人說聲抱歉，他的同理心就會自然而生，藉著展現出負責到底的態度，會讓藍色人更加買單。

金色顧客

應對方法：刻意先和顧客再次確認維修後當下使用是否符合期待中的狀況？再說明過去也曾遇到相似的狀況，是出自於什麼因素。

之後再次安排師傅維修檢測，強調是特別為他插單優先解決排除問題。

應用原理：先跟金色人強調不是沒有修理好，而是或許還有其他因素或新零件相容性的問題，表達誠意的方法就是刻意為他省去等待的時間。

5 自身行政或作業疏失，如何向顧客賠不是？

案例：顧客透過預約系統訂位，因爲系統錯誤沒有更新資料，顧客抵達時現場已無座位可安排，你要如何和顧客道歉、賠不是？

綠色顧客

應對方法：不要解釋或找任何藉口，直接承認是作業的疏失，並且提出補救措施或可以補償的方案，讓顧客依據自行的意願做出選擇。

應用原理：當疏失不來自顧客時，綠色人是完全無法接受解釋的，因此一肩扛起直接賠不是，表明現況下能給予的方案，由他自行決定下一步。

橘色顧客

應對方法：說好話捧對方，狂賠不是，甚至可以貶低自己怎麼會犯如此低級的錯誤，這次就當作幫你忙，接受一下補救措施或補償方案，下次有任何需求，他交代下絕對優先提供。

應用原理：喜歡被尊重的橘色人，能被這樣吹捧時，氣歸氣但依舊會想展現出俠氣，善用這一點能讓他們氣先消，等氣消了要談什麼才好談。

藍色顧客

應對方法：說出由於自己的疏失，害得他們現在沒有位置可以立即入座，深感抱歉。同時詢問顧客能否提供其他建議，讓自己能儘量用他的方式補救或補償。

應用原理：藍色人容易因為在乎和諧的性格，當下笑笑的說「好，沒關係」，但其實內心是不滿意的，因此過程中不要只讓他說好，而是能讓藍色人表示出自己期待的後續處理方式。

金色顧客

應對方法：先說對不起，並對於他應該有的權益表示歉意，接著簡要的說明告知之所以有疏失的原因。再向他提出當下能做的最好安排方案是什麼？以及若是不滿意還有什麼樣的補償替代方案。

應用原理：對於金色人本來應有的權益先明確指出並說對不起，當疏失會打亂原本金色人的節奏順序時，請先給予當下能做的補救方法，真的無法接受時，才會再以補償方式提出。

6 顧客不滿服務，提出要求補償

案例：語言中心學員（顧客）對於老師上課時說話語速太快，完全沒有顧及到大家是否有跟上進度，影響學習成效甚感不滿，甚至導致自己毫無進步，進而提出要求給予補償，你該如何回應顧客？

綠色顧客

應對方法：謝謝顧客反應老師教學和自己學習吸收上的問題，但不須就顧客所提出的問題，例如老師教學方式表示抱歉，接著可以提供過去這位老師所教出學員的前後差異，並且簡單說明當時的學員在上課前中後分別做了些什麼準備。

應用原理：不好意思、抱歉，這些字眼在和綠色人互動時要特別謹慎的使用，避免被抓著弱點，進一步要求賠償；另外用過去的具體成效差異來暗指目前影響學習成效的問題不會只是單一的。

橘色顧客

應對方法：先用減肥這件事來舉例如何有成效，說明單一方法往往都只會是一時的且容易復胖，再談及語言學習的成效也是如此，最後可以分享過去學員只用了多久時間就通過等級考試，來激勵顧客做挑戰。

應用原理：先用一個其他生活化的事項來做比喻，橘色人舉一反三的能力即可了解自己提出的賠償不合理，再以婉轉的激將法來邀請他做挑戰。

藍色顧客

應對方法：對於顧客無法跟上進度表示同理他內心的糾結，並且說他一定困擾很久才會提出這個問題，接著，可以和他一起討論在非補償的方法下期待能給予什麼樣的協助幫忙。

應用原理：同理心是藍色人很期待能從他人身上得到的，因此展現同理心時務必說出來讓顧客聽到、聽懂，並且給予情感上的表示，提出協助幫他一起解決此困擾。

金色顧客

應對方法：和顧客解釋語言中心會在老師有哪些狀態下，即使學員不提出問題也會主動給予賠償，而他提及的問題點會和老師溝通，請老師在課程中關照該位學員，同時表示還是會以全班為主，如果真的依舊無法跟上，可以再來反應找出原因並討論其他做法。

應用原理：讓金色人知道我們一切都是遵循規則、制度，當違反規則時不需等顧客提出，公司就會嚴格執行，同時也表示出很在意他學習上遇到的困境。

7

顧客未能如期提供應準備的資料

案例：上週和顧客做了拜訪後，請顧客一週內將申請表和相關文件填好，以便申請新的計畫，然而時間到了卻什麼也沒有提供，你該如何和顧客溝通？

綠色顧客

應對方法：向顧客表示所有相關資料你都已經幫他備妥了，就只差他提供你資料，只要一提供資料就會立刻送件申請，不要讓後續的行政作業耽誤到他的作業時間。

應用原理：綠色人在乎效率，透過暗示的方式讓他知道提交的時間點決定了整個作業流程的效率，讓他成為臨門一腳。

橘色顧客

應對方法：恭敬的拜託他趕緊將資料提供給你，否則怕到時候沒有名額，你會很難給予協助，可能會害他沒能申請到新計畫。

應用原理：表現出一副非他不可，拜託他幫忙，讓橘色人感覺做出的承諾有被尊重的感覺，之後要催收時他就不容易感到厭煩。

藍色顧客

應對方法：問顧客是否在準備資料的過程中遇到了哪些困難，無法準時給予資料的原因是什麼？聽他述說時不中途打斷，最後才尋求請他確認能提供資料的時間點。

應用原理：有時藍色人的拖延，要不是忙到忘了，要不就是心裡有個結過不去，導致遲遲不能給出，建議透過傾聽讓他把結給打開。

金色顧客

應對方法：讓顧客知道因為沒能如期提供，導致影響到哪些權益，並且重新約定一個時間，表示你會極力為他去爭取已損失權益的部分。

應用原理：金色人對於權益受損會相當在乎，而又主動告知會去為他爭取，這件事往往就會直接成為他重要事項排序中的第一了。

8

顧客抱怨的事，非你所爲也不是你能決定的

案例：顧客來到門市，聽了你介紹的選擇方案後表示不滿，然而這些方案都是總公司制定的無法做任何調整，你該如何和顧客溝通協調，讓他能夠同理你的處境？

綠色顧客

應對方法：不管顧客表情多嚴肅，都不要展現出自己也很無奈的表情，反而要適當有自信的做應對，讓顧客知道這些制式的方案雖然不能改變，不過可以用那些增值方案來讓顧客達到期待的最佳結果。

應用原理：綠色人要的是解決問題的方法，並且得以用專業的分析來做表述，這當中顧客一定會提出一連串的問題，會有拷問般的感受，不過只要穩住且清楚的說，綠色人是會買單。

橘色顧客

應對方法：贊同顧客對於方案的不滿，表示若由你來設計一定也會像他一樣顧及每一個需求或給予彈性，只可惜你沒有這樣的權利；之後提供一張整合比較表，標示出從不同需求面來看「勝」的會是哪個方案，讓顧客自行選擇。

應用原理：崇尚自由不受約束的橘色人，是不能接受直接表示這是公司規定，因此用示弱法，先表示自己的無能為力，再提供懶人包，讓討厭細節資訊的他一看就懂。

藍色顧客

應對方法：邀請顧客分享每一個方案中他感到不理想的點分別是什麼，接著表示此為公司方案無法做更改，但你從他的需求和所有方案中做整合後，從中建議一個最為接近理想的方案給他參考。

應用原理：直接告知無法做改變調整，但表示願意額外根據自己的經驗給他一個最好的選擇建議。

金色顧客

應對方法：向顧客解釋說明出這些選擇方案都是由總公司所制定，因此無法在門市進行任何調整或更改，再提供各方案間的比較表格，讓顧客自行評估做選擇。

應用原理：金色人最在乎公平，所以能向他表示會制定不可做變更的方案，就是為了顧及顧客之間的公平原則。

9 邀約顧客參與、出席活動或體驗產品

案例：你想邀請顧客來參加公司所舉辦的健康講座活動，但顧客對於直銷經營模式一直有所顧慮，你要如何說服顧客前來參加？

綠色顧客

應對方法：讓顧客知道在這場講座當中會有哪些新知識或技術，或者從講者的專業、權威和名氣來做為吸引因子。

應用原理：如果欲影響綠色人參與活動，必須先讓他知道他能獲得什麼？人脈拓展、有趣好玩都不是綠色人所在乎，知識、專業、改善、卓越才是影響他的關鍵字。

橘色顧客

應對方法：在開場時以賣關子、神秘的方式來吸引他聽你說，並表示一知道有這個活動第一個想到和邀請的就是他，再提一個這場講座一定會讓他很喜歡的原因。

應用原理：橘色人喜歡神祕、新鮮、好玩、刺激、有趣，內容對他反而不是最優先的考量點，也同時讓顧客認定你相當重視他。

藍色顧客

應對方法：一開始先要顧客檢視一下活動時間是否有空，回覆後接著說一個過去他曾經和你提及過的人、事、物，再將這場活動和事件做一個強化連結後邀請他參加。

應用原理：不會拒絕是藍色人的罩門，但還是不要讓他有被逼迫，或是後悔答應的想法出現，不然未來會以躲避的方式閃躲。應用藍色在乎心靈交流的特質，讓他感受到你不是為銷售或服務才和他互動，而是真的為了他的需要。

金色顧客

應對方法：先引導他說出擔心害怕直銷的原因，並告知該健康講座不會有這些事情發生，或者就算有類似的情況，也可以如何應對化解。接著提出這個講座很適合他去參加的原因，甚至能將好處和其家庭或在乎的人做連結。

應用原理：機會和風險同時存在，金色人眼中就只有風險，因此別急著要介紹機會或提供資訊，而是先說出他在乎的風險，同時讓他知道你懂他在乎的風險，降低金色人的顧慮，他們才會考慮機會面。

10

以電話方式進行新顧客開發

案例：拿到只有電話和名字的新顧客名單，需透過電話方式來做開發，該怎麼做才會讓顧客願意聽你的介紹，甚至未來能有服務的機會？

綠色顧客

顧客展現：接起電話時聲音冷酷，用字簡短，像是：「什麼事」、「幹嘛」、「你說」。有時還會提出「你為什麼會有我的電話」、「可以不要再打來了嗎？」

應對方法：第一句話就得立刻切入重點，先不寒暄和介紹公司，而是直接說明你要說的主題，並且用數字、前後成效差異、與市場上其他產品或服務上的「成效差異」，用十至十五秒鐘一到三句話精準表述。

應用原理：綠色人會接起電話就是有機會，平時他們看到陌生電話完全不會接起，把握黃金十秒，你能給他什麼和市場上不一樣的東西，用數據用成效、但切忌用不實際或浮誇的說法。

橘色顧客

顧客展現：說話語速快且急，第一聲超熱情，一聽到是銷售電話會立刻轉變聲音成不耐煩，甚至破口大罵，或是客氣點的會直接回說「我現在沒空」即掛掉。但他若心情好會把你當成聊天對象，還會自帶話題。

應對方法：不要第一次就想著一定要成交或一定要開口做介紹，把目標先訂在取得他的好感，若是被拒絕被掛電話，可以立刻以簡訊方式表示打擾他了，下次你會再來電。等下次再打電話時，先提及上次他掛你電話的經驗，一次不行再一次，通常第三次就有機會能說上話了。

應用原理：橘色人喜怒分明，喜歡你他什麼都好，不喜歡多說一句都嫌棄。橘色人的血液中有著使命必達不放棄的精神，若他感受到你也是相同類型的人，那種想要幫你的雞婆性格就會顯露出。

藍色顧客

顧客展現：接起電話時口氣溫和又客氣，除非他真的不方便，否則他會相當有耐心的讓你全部說完才會回覆你說「我可能不需要」，最後還會向你說「謝謝」。

應對方法：不要讓對方有壓力，而是要從產品或服務的資訊中去問及顧客有無過這樣的經驗？如果有，過去感受如何？如果沒有，沒有的原因是為什麼？刻意製造輕鬆的氛圍讓顧客以聊天的方式，多說說些感受、想法和需求，最後再提供他相關資料作為參考，並謝謝他的分享交流，二、三次後再開始進攻。

應用原理：藍色人對於電話推銷電話，是感到極大壓力，主要來自想拒絕又怕你難過受傷，因此不要在一開始就過於積極的說，用降低壓力的方法讓他感到輕鬆自在。

金色顧客

顧客展現：接起電話中規中矩的互動、聲音平穩，你在一開始的介紹時不會打斷你，但很常以「現在在上班」……等事情，表明無法多聊。

應對方法：先謝謝他讓你將介紹給說完，接著告訴他你要推廣的產品或服務，若是他不知道可能會產生的損失是什麼？（完全不從機會面說），最後再以選擇題的方式詢問他方便接電話的時間，晚上八點前還是八點後？一到四晚上還是週五？

應用原理：金色人是不排斥接受這些資訊，但他不喜歡非計畫中的時間被佔用，因此能夠表明這件事或服務為什麼這麼重要，並且從風險面的方式去做表述，並且讓他與你安排再次可通電話的時間。

PART 3
四色顧客操作手冊——藍色

communicate

1

重視心靈交流

≫高分族群

顧客顯現行爲：把你當成閨密無話不聊，什麼都可以說。

應對技巧：二不一要——不打斷、不說教、要記住。

≫低分族群

顧客顯現行爲：對於你提出的問題或分享，反問你其必要性。

應對技巧：假使無關就直接進入下一流程。

以前在美容健康產業工作時到全省各分店進行推廣「六星級服務」，每到一個店家一待就是半天以上，每當服務結束美容師走出來就會簡單和店長談談剛剛顧客聊了些什麼，我發現中南部顧客大多是家裡生活大小事，夫妻、孩子、婆媳、朋友、同事間的相處話題，連夫妻間的房事都能分享；而北部顧客也是有這樣的類型，只是和中南部相較還有一個族群是完全不談及任何個人生活、人際等私生活話題，有聊到天也大多是環繞在塑身、美容、醫美等專業問題。

由於觀察顧客主動談及的話題內容，即能知曉他在「心靈交流」這項溝通特質上的傾向，因此在做顧客服務時，該如何從與顧客的對話中判斷他在「心靈交流」特質的高低呢？以及該如何應用此特質做會令顧客滿意的應對服務技巧？若他是你長期、忠誠的顧客你更要做好這件事，便能將該顧客的心牢牢綁住。

當出現這樣的對話或有這樣的交流互動時，他就是有「心靈交流」這特質：

「我真的很想跟你說一件事……」

「有件事我都沒有跟別人說，只有跟你說……」

- 他生活瑣碎的大小事情，都會向你訴說。
- 第一次與你互動的顧客就掏心掏肺，好像和你相當熟識般的談及個人隱私事情或心情。

．會記住你曾經有意或無意間跟他說過的抱怨、開心、困擾、煩悶、喜好……等任何事。

．一旦和你開啟話題後，就能狂傾吐他周遭的每一件事。

遇到重視「心靈交流」的顧客，往往都是感受被照顧，因而毫不猶豫的做了消費的決策，以下是在與他服務應對上的二不一要技巧：

不打斷：讓他將要表述的話完整述說，即使你有些想法、疑問或建議，請你立刻暫停相關思考，專注地傾聽他所言，在要聽他說前，給自己一個任務，當顧客說完後，你得回答並且告知顧客：「聽起來您很在乎的是……」，這能幫助你暫停思考其他事，且說出的話也能讓顧客對於自己所言有被重視，更有心靈交流的感受。若是可以，請注視著對方的雙眼，讓他知道你相當重視他。

有次我去到一家語言補教中心上課，學員是櫃檯服務人員，她在聽到這項特質應對技巧後提出問題：「如果要這樣聆聽每一位顧客說他的大小心事或抱怨，這樣我們時間就都被耗掉，工作都不用做了。」

這學員提出的問題是所有銷售或服務人員都害怕的事，有些顧客一講就沒完沒了，時間不僅被佔用掉，有成交有業績還能說得過去，沒後續就會氣憤自己白做工、被耽誤了時間。

因此當你意識到顧客將佔用到你的大量時間時，你可以先以「不斷看時間」的方式讓他意識到你有其他事項代辦，你也可以和其他同事做一個默契建立，當你發出訊號時請他來提醒時間。然後接著說：

「很抱歉，我打斷了您說話，我眞的好想繼續聽您說，不過我手上還有其他事情得趕上進度，有機會我們可以再聊，不知道關於產品的事情，還有沒有需要我協助的地方呢？」

不說教：他除了想找傾聽者外，更期待能夠得到被認同感，若這件事你也和他想法一致，你可以和他同一個鼻孔出氣，若你無法認可，建議你無須表示出認同、聽聽就好，不要好爲人師想給予回饋和建議。

在美髮業的 Nikki 就提到她有回在幫顧客剪頭髮時，顧客氣憤的分享自己花錢去埋線減肥，結果完全沒效果，她覺得有被騙錢的感覺！

Nikki 開始對顧客分析想瘦身除了被動的方式外，也要加上主動的飲食調整或運動，事後回憶時她才想起顧客都沒有再搭話、表情也漸漸冷淡，最後離去時雖然笑笑的謝謝 Nikki，但這位常客卻再也沒有來找她，Line 訊息則是完全不讀不回。

我提醒 Nikki，只要是聊到非關你工作領域的內容，即使對方請你提供建議，也都別給予過多的想法，若是遇到不認同的方式大可簡單一句話帶過，像是：

「您一定感受很不好。」

「這方面我沒有涉獵（想法），實在很難給您建議。」

要記住：心靈交流型的顧客，就好比我們生活中的閨密、哥兒們、好姐妹，不但要你聽他說，和他一起表達出喜怒哀樂外，更是要能記得他曾經和你說過的任何事，如此一來這顧客必定能成為你在業務工作上的財神爺。

有位在醫藥器材產業的學員聽了之後提出：「我們要記住公司新的醫藥器材專業知識來回應主要顧客醫師，都好有難度了，現在還要記住非主要顧客的阿長（護理長）說那些婆媽話題，太難了啦！」

再厲害的腦袋也無法完全記住每天遇到的人說過些什麼，因此建議各位面對你的常客、熟客和ＶＩＰ顧客時，請在他離開後，在你的系統裡留下一到二個當天他提到過的資訊或事件，下次見面前搜尋翻閱找出上次他提出的事情，並且主動提及問問他該事件的後續。這樣要重視心靈交流的顧客不愛上你都難，這一招會讓他認定你很用心聽他說，而且很重視他說過的話題或感受，如同至親閨密等級。

當然，有重視心靈交流特質的顧客，就會有完全不想談心交流的顧客，這樣的顧客從對話中明顯可見，他完全不會與你談及非你服務專業的內容，更不會和你傾訴他的任何感受，除非是對於產品、服務的客訴。

有時你可能因為業務關係詢問到他過去的經驗、感受時，或者你在和他分享你自身的經驗、看法時，他會冷冷地問你像是：

「請問知道這個要做什麼？」

「這件事很重要嗎？我需要知道嗎？」

聽到以上對話，若是必要得知或非得告知的資訊，請先說明原因理由後，再繼續詢問或闡述，否則就趕快進入服務該有的流程，避免讓顧客認爲你浪費了他的時間與之閒聊。而在銜接後段服務前的話你能這樣說：

「這問題我們可以跳過，我這就爲您進行下一個流程。」

「這件事相關度可以忽略，我現在爲您解說要特別注意的事。」

2 傾聽與同理心

≫ **高分族群**

顧客顯現行爲：專注聽你說話、你說什麼他都會附和。

應對技巧：不說別人的不是，只說別人的好話或感謝給他聽，認可他的談話或觀點。

≫ **低分族群**

顧客顯現行爲：問了你已說過的話，或你做其他不是分內事都覺得是應該的。

應對技巧：分段落適時暫停並確認，調整自己服務心態——顧客沒同理心是正常的。

每次到醫院體系上課，我都會跟醫師或護理師提到，大多數的顧客在面對服務人員時都是急著想說，很難眞的靜下來好好聽，只有去醫院診所在醫護人員告知他們病情狀況、討論後續如何因應狀態時，他們才會全力傾聽，結果全班一半以上的醫護人員都會反駁說：「只限第一次，那些久病的患者根本就不聽我們說什麼，有些還自己當起醫師來，指定一定要開哪些藥。」

我們常聽到「顧客至上」，導致多數顧客眞的都認爲自己爲居上者，因此在溝通過程中就會「急著說」大過於「傾聽」；我將顧客傾聽的程度分成三個層次，你可以從他們展現的層次來知道他們在「傾聽」特質的高低，進而採取溝通應對的方式，當遇到傾聽和同理心兩個特質的顧客要特別留意的原因，以及如何做能讓他們對你的服務不僅滿意，更能保有忠誠度。

傾聽層次從低到高分別是：

第一層次：根本沒在聽你說

有些顧客會做做樣子，偶爾點點頭，有些顧客則是連樣子都不做了，直接放空或是邊滑手機，後者很明顯可察覺，前者較難得知。

因此建議避免自己一直說不停，到一個段落暫停一下就剛剛說過的內容提出問題確認顧客是否有在聽，以免浪費雙方時間；假使你一講完，顧客提出的問題正好就是你剛剛說過的，你只能在心裡念著「這我剛剛不是說過」但不須說出口、好聲好氣的再說一次。

第二層次：有在聽你說，只是同時間也會提出疑問或想法

這一類型的顧客占最多數，他們在你說到一半時打斷你，可能會根據你所說的內容提出他們更想知道的問題，也有可能從你的內容中問你爲什麼是這樣；還有一種是身爲服務人員最不愛的類型——突然帶到另一個完全不相關的話題上。

針對顧客打斷了你的內容，你可以有兩種做法：顧客的問題你相當有把握能回答，且也能將話題拉回原本的內容，即可選擇立刻回應他；然而，你若是被打斷就會亂掉節奏，會比較建議你跟顧客表示，待你說完再回覆他的問題。你可以這樣說：

「您的問題我先記下，最後我再回覆您。」

「我先全部一次說完，您的疑問我最後會請您提問。」

「您提到的這些和我現在要談的相關性不大，請聽我先將這部分說完。」

這邊要特別提醒，在被顧客打斷時，要專注聽他提出了什麼，因爲有可能他根本沒要聽你說這些，那就無需浪費時間，也有可能你誤解了他想知道的內容，那就得趕快調整內容。

第三層次：相當專注聽你說

顧客在你說話的過程中不會提出自己的想法或意見，更不會打斷你，會讓你把所有話都到一個段落，有時他要接話或提問時，發現你還要繼續說下去，他會立刻說：「不好意思，你先說。」即使你要他先說了，他還是會請你先。

顧客若全神專注聽你說，換他說話時你就得好好聽他說，無論你是有自己的看法意見，或是疑惑，都請你務必要忍住，你可以將疑問、想法和意見先在心裡筆記下來，等顧客講完後你再提出。

關於同理心

在和服務產業學員互動時，我都會問說：「你們希望顧客能有同理心嗎？」答案一定都是肯定的，我再問：「那你們遇到的顧客有沒有同理心呢？」這時幾乎全班都會大聲嘆氣。

而我雖然會先對他們說：「辛苦了！」但也會突破盲腸的跟他們說：「顧客沒有同理心太正常，就像你小時候能同理你爸媽管東管西、念來念去嗎？通常都是自己當爸媽後，才能懂當年父母的用心，除非顧客做過你的工作，否則沒有同理心再正常不過，你得先有這樣的思維，才不會對顧客沒能具備同理心感到失望。」

不過也別灰心，依舊有顧客是有極高「同理心」性格，那他們會有哪些展現或話語讓你能觀察出呢？

「你們工作要×××，眞的很辛苦。」

「我耽誤你那麼多時間，眞的很不好意思。」

「你特別花時間處理幫忙，我眞的非常謝謝你。」

你出錯時，他們會體諒，並且跟你說「沒關係」。

看到你忙的時候，會協助幫忙你的服務或工作。

遇到能同理你的顧客實屬難得，當他出現猶豫不決或跟你說需要再考慮時，雖然我們知道這可能是拒絕的表示，但請千萬別逼他就範，因爲下次他就不敢再現身了。也請不要這樣說：

「不要再猶豫了，這不用考慮的。」

「您錯失就沒機會了，只剩這一個而已。」

「優惠就只到今天。」

你可以試著以同理心的說法和他溝通，像是這樣：

「這個費用這麼高，您確實得加以考量，能讓我知道您考量的點，我能提供相關資訊，讓您作爲衡量的參考。」

「您的猶豫是對的，是我也會稍加猶豫，哪個點是您最在乎的呢？」

如果你的顧客間是互相認識的，像是社區型的店家、健身房、醫美美容中心、會員制的服務……等，同時具備「高傾聽」和「高同理心」的常客，他會有的特徵就是超專心聽你說話，無論你說什麼他都會表示極度認同你所言，這樣的顧客你一定要特別將他做個記號，避免自己的肺腑之言最後淪爲眾人公審。

一家連鎖餐廳的店長上課時就曾分享一個案例：「我們店有個常客阿美姐，常常來店裡閒聊，有空時我就會和她聊一下，沒空她就自己找顧客聊天，有次我在收拾準備要關店時就和她聊了幾句，提到了新來的夥伴小玉，總是記不住品項，動作太慢常常被抱怨，阿美姐也接著說：『眞的，我也這樣覺得，而且有幾個客人也都會說小玉動作眞的太慢了，給的料也都比較少……』

過幾天小玉下班後來找我說：『店長，我眞的很糟糕嗎？』我一頭霧水的想說怎麼了，小玉就接著說：『你爲什麼要跟阿美姐說我都沒有在記品項，而且動作慢吞吞。』……」

身處在服務業常常會遇到一些讓你不舒服的人事物，我們也會很期待有人可以抒發，而「高傾聽」和「高同理心」的常客常常因爲會高度認同我們，我們能從他們的傾聽和回應中得到支持或慰藉。

只是這樣二高特質的顧客他們很常是大家的心靈垃圾桶、八卦交流站，我們要格外小心，他們常在無意間就會將你們對談的事物說了出來，因此請特別記下這些人，並且好好善用這樣特質的人幫你做公關，只是不能說別人的不是，要多說好話，或說對他人的感謝給他聽，像是：

「多虧王小姐幫我大力推空中瑜伽課，這一期多了很多第一次來的顧客。」

「因爲陳先生在我作業疏失後，立刻傳訊息給我，讓我來得及補救，多虧有他的告知，不然我就慘了。」

「Lili的媽媽，這次出遊幫每位小朋友都準備一份水果，她眞的好有心和用心。」

這些讚美其他顧客的話，透過「高傾聽」和「高同理心」的顧客嘴裡說出，第三者的力量是最強大的，會比你自己去讚美該顧客來得更有效力。

3 觀察敏銳細膩

高分族群

顧客顯現行爲：感受細膩、情緒易受影響、想很多、難以下決定。

應對技巧：輕聲細語、面帶微笑、專注回應和給予讚美。

低分族群

顧客顯現行爲：難以辨識出細微差異。

應對技巧：若要描述五感差異，建議用顧客有過的經驗比喻說明。

過去我在機場免稅店工作時有天公司接到一位出境旅客的投訴，投訴單上只寫了兩個字「僵笑」，我們百思不得其解，不過客訴是從民航信箱轉來，我們一定得深入了解並寫份回應和檢討報告給民航局，直到致電給顧客才終於知道當天造成客人不高興的「僵笑」是怎麼發生的。

那天顧客買酒想要再額外多要個提袋，銷售人員回說：「我們的酒一瓶就只能提供一個提袋。」顧客說：「可是上次我也有多要到一個，為什麼你就不能給我。」銷售員無法作主只好請客人稍等，他去請主管來支援，一出來主管也沒有多問什麼就給了顧客一個提袋，顧客拿到提袋後繼續對著銷售員說：「明明就可以給，為什麼你剛剛不給我呢？」

那天當下就他一組顧客，其他銷售員站在商品櫃旁但眼睛都盯看著這一幕，顧客突然一個轉身要離去時，大家還來不及把頭撇開，兩三個銷售員立刻堆起笑容對著顧客笑，這一笑就被填上客訴單。

顧客的「敏銳」特質高低該怎麼觀察出來呢？面對高敏銳度的顧客，在言語和神情舉止上我們要怎麼做才能避免意思被曲解，或造成說者無意聽者有心的窘狀？用什麼方法才能讓顧客暫時關掉他的敏銳雷達器，完全將心思專注在我們談論的內容上？

高敏銳的顧客常有以下現象：

- 會注意到許多微小細節的事情。
- 想很多，無法下決定。
- 能察覺細微的變化，可能是光線、口感、味道、聲音、藥物……等。
- 情緒上容易受到他人或環境的影響。
- 容易爲別人的困擾而煩惱。
- 會自我懷疑、信心較爲不足。

面對高敏銳性格的顧客，請在溝通、服務過程中一定要做到二件事。

第一：輕聲細語且面帶微笑

他們遇到聲音稍大、平淡，或者面無表情的互動時，都會自然的先思考是不是自己有出現讓你不舒服的話語、行爲，如果一直持續這樣的狀態，顧客容易認定你就是不喜歡他的出現或要求。

在南部的一個巴士站所，站務人員就常被顧客在Google評論留言「只是詢問車子在哪裡等，服務人員口氣很糟」、「開口就直接問說『去哪裡』」，在我要去幫他們上課前，特地先體驗顧客遇到的服務旅程2.9分是什麼樣的狀態和感受。

若將他們的服務行爲展現放在其他國家，或許能拿4.5分以上，但一般來說台灣人對服務的要求比較希望有賓至如歸感，講話要十分客氣，因此在課堂上我建議工作量大的他們可以試著做一個練習：

再忙聲音都要有微笑感。方法就是讓嘴角和微笑肌同時上揚，第一次問話前多用個「請」字，第一次回覆問題時用「您」做開頭字來接上回覆的答案，表情控管上能微笑最好，眞的笑不出來至少要做到不將眉頭深鎖，提醒自己把眉毛和臉部肌肉放鬆。

第二：專注在對方身上

當顧客在與你說話時，請務必先停止手上正在進行的事情，眼睛注視著顧客，過程中若顧客在說話時能以點頭或發出「嗯」、「是的」、「好的」，來讓他感受到存在感，避免讓他誤會以爲你漠視或不理睬他。

汽車廠維修的技師在課程中就提出，「我們接待顧客時得一邊聽他們反應車子的問題，一邊得筆記他所闡述的問題點，有時過程中就會一直被問說：『你知道我要說的是什麼嗎？需要再說一次嗎？』看來會這樣提出疑慮的顧客，就是相對敏銳性格高的型。」

這時我會教學員「複述」這個方法，讓學員們能記住顧客所說，同時又能專注的看著聽著顧客所言。分成三步驟進行：

步驟一：先和顧客說明，請他一次表述一個問題，你會一一回應和確認。

步驟二：將顧客說的「關鍵字」篩選出，在心中復述說一次，像是：「引擎抖動」、「燒焦味」、「熄火」。

步驟三：在顧客說完第一個問題後，把你剛才記下的關鍵字一起整合再說出，這麼做同時也能確認是否有需要再釐清之處。

不過在這要特別說明，敏銳度高的顧客，若非在和你對談交流時，會對別人盯著他的視線感到不自在、易緊張，像是在用餐期間、自行操作機器時、購票過程、閒逛……時。

有次去到一家高檔火鍋店用餐，服務人員就一直緊盯著我們吃飯，其實我知道他們是希望可以做到顧客都還沒開口，他們就能看到需求或問題，做出貼心感動的服務，只是換成高敏感的顧客就會吃得相當有壓力，因此會建議這時可以和顧客說：「我就在××（附近的地點），不打擾您用餐/做療程……（正在做的事），我是××（自己的名字），您如果有需要可以呼喊我，或揮舉個手我就會來爲您服務。」

在和「敏銳」性格高的顧客溝通互動時，「輕聲細語且面帶微笑」以及「專注在對方身上」，不僅是幫助顧客暫時關掉他的敏銳雷達器，讓他能完全將心思專注在談論的內容上，而非你的表情、情緒、聲音語調，看似幫他其實也是幫助了你自己。

最後，若期待敏銳性格高的顧客對你的服務既滿意又忠誠，除了上述兩個基本方法外，因爲他們常會自我懷疑，信心較爲不足，「眞誠給予讚美」這一招術會深得他心，你得同時做到抱著好奇心傾聽、時不時表達認可、最後給予讚美或鼓勵。

好奇心的話可以像這樣說：

「您可以聊一下遇到了什麼樣的問題嗎？」

「我好想知道您怎麼想的？」

「您想買這個東西的需求是什麼？」

認可對方可以透過的方法有：

・頻率高的點頭示意。

・以「確實」、「嗯」、「是的」、「眞的」……等話來表示認可他所言。
・臉部或眼睛跟著他所描述的內容做出喜怒哀樂。

讚美鼓勵的話像是：

「您這個觀點、想法眞的很全面。」

「您分享的東西是我以前不曾聽過的。」

「您能發現問題，來詢問這產品，相當有意識感。」

顧客是敏銳性格高的人，請你在表達展現對他的好奇、認可和讚美時，都一定得展現眞誠，因爲你若是做做樣子，他們的敏銳度就會發出強烈警示，他又會再次將焦點放在你的表情、口氣、語調、肢體上，而非溝通談話的內容了。

4 重視和諧、在意他人

高分族群

顧客顯現行爲：欲言又止，常說都可以、隨便、選擇性障礙、不當面表達事後才說。

應對技巧：多給予時間思考，讓他自己做決定。

低分族群

顧客顯現行爲：有話直說、明確表示。

應對技巧：顧客對事不對人，不要有被顧客否定的錯誤認知。

顧客願意當場和你訴說他對於服務不滿的地方，你可以立即處理他的感受需求和立場需求，其實是一件非常好的事情，相較於選擇不當場說出，事後到處找人抱怨、在社群媒體發文、找新聞媒體報導，此刻你想處理滿足顧客的需求也難以接觸了。而更可怕的莫過於當場明明很開心，不停的跟你說謝謝，卻在事後接到投訴，表明對你服務感到不滿意或有瑕疵的指控。

我自己在擔任職涯顧問時就遇過這類事件，在羅東諮詢服務一位重考多年的代課老師，她提到除了代課工作一職，課後有在學婚禮小物手作，向我詢問可以怎麼展開這方面的斜槓事業？有什麼樣的課程能去進修學習？

我從她的性格和職業適性分析告訴她能怎麼做，而剛好那時我有和朋友開設一個圓夢計畫課程，於是我就說明並推薦給她參考，結束要離去時她還跟我說：「謝謝妳跟我說的斜槓事業，我會努力試試看，雖然我還是希望能考上正式教師。」

隔天協辦單位就來信告知我，該民眾一早打電話到就業輔導中心，認爲我公器私用，在諮詢過程中強迫推銷自己的課程，雖然諮詢結束後沒有再度主動聯繫，但她在當下有極度不舒服的感受。

像這樣有不舒服感受，在現場選擇不面對、不開口，且還表現出對你極有好感的樣貌，大多是因爲「重視和諧」和「在意他人」這兩個性格導致。有這些特質的顧客他們常會出現哪些行爲和話語？當遇到這類型顧客你要如何應對才不會事後自己也覺得很莫名其妙，顧客有此特質其實在服務或銷售上你反而能掌握一個技巧，讓他甘願且自在買單。

「重視和諧」、「在意他人」的顧客常有下列類似的話語出現：

在你介紹完各式產品或服務後，他會說：「我覺得每一個都很好，我選不出來。」

「嗯……（欲言又止）我覺得這些提案都還不錯，沒有需要再調整的地方了。」

「隨便、都可以，我沒有意見。」

「你覺得哪個比較好？哪個比較適合我？你會推薦我哪一個？」

「我是很喜歡，但這眞的適合我嗎？」

「你幫我這樣做，可以嗎？會不會害你被老闆罵。」

「這我要回去問一下家人的意見想法，避免他們不喜歡或有意見。」

身爲服務人員久了，當顧客開口前露出尷尬微笑或欲言又止的樣態，大概就能猜到他不是那麼認同你所說，但又不好意思反駁你，也或者他完全不想買單，但又認爲已浪費你這麼多時間很不好意思，只好勉爲其難地答應，這樣的顧客就是不會拒絕、不敢拒絕、不好意思拒絕的人。

我幫一家冷凍減脂公司的顧客群（美容師）進行一場九十分鐘的「出色顧客服務」演講，回家後一位美容師在紛絲團訊息和我分享：「卡姊，您今天演講給了我很大的啓發，尤其是提到藍色顧客和諧這件事，我就有位顧客很害怕冷凍減脂會不會痛，有沒有後遺症和成效如何，在我向她解說後她當場下了單。但幾天後她先生卻打電話來狂罵我們，說我們騙他太太的錢，要我們退款，不然就要去消保會舉發我們，最後我們爲了息事寧人，請她來店裡做退費。

顧客來店裡退訂金時，我還是好奇的問了她：『妳不是很想要透過冷凍減脂達到腰部的雕塑嗎？』她說：『其實我還是擔心效果和怕療程會很痛，回家跟我先生說了，他也很反對。』

上完課我想到最近發生的事，下次諮詢時會提醒自己當她說怕先生會反對時，就該請她再鄭重考慮或給他其他方案做選擇，避免浪費了兩倍時間同時也失去了這位顧客。」

當然我們可以選擇視而不見，讓這一次的服務完成，或銷售成交得到一次性的好處，但這顧客就沒有機會成爲你的終身顧客，因此遇到這樣的狀況你可以怎麼做呢？就是讓他有多一些的時間做思考，不給時間上的壓迫，並且將最終決定權或選擇權交回給顧客，在此舉例三種狀況來示範可以怎麼做：

1. 如果顧客有選擇障礙，不要直接說「我推薦您這個，這個相當適合您」，你可以透過提問來了解他的考量指標，幫助他縮減選項到二或三個，再請他從中自行做一個選擇。

2. 你希望得到顧客直接說明不滿意之處，不要在事後才表示，問法上就不能是：「您認爲這樣好嗎？還有需要改善之處嗎？」而是改成：「如果想要追求完美極限，您覺得調整哪個地方比較好？」也或者：「您覺得您的主管（家人、朋友），他通常在意什麼點，從他的角度來看哪個地方再調整他會更喜歡。」

3. 顧客有露出猶豫、遲疑的樣貌，千萬別急著要他當場做決定，你可以試試這樣說：「您看這樣好不好，您回去再花些時間做考慮，我明天還是後天方便再傳訊息或電話跟您確認。」

「重視和諧」、「在意他人」最重視的就是群體，因此我和這類型顧客在做溝通時、當我積極想說服他時，我會刻意在最後補上一句誰也表示認同、誰也用過，像是這些話：

「剛剛我說的這些，××也很認同。」

「這個流程××在體驗的時候也一直讚不絕口。」

「我們最近有很多和您一樣久坐辦公室的人，來店體驗後都會再預約下一次時間。」

5

表達出情感

≫高分族群

顧客顯現行爲：無時無刻感謝、讚美你，不好意思當開頭，很多東西你也有一份。

應對技巧：回應不要太簡短，把謝謝常掛嘴邊。

≫低分族群

顧客顯現行爲：比較少說出請、謝謝、不好意思，有時說話口氣、語調都會讓你有種本來就是你應該要做好服務的感受。

應對技巧：不要往心裡去，聚焦在服務或談論的事物上。

在出色顧客服務課程中我都會請學員們討論：「顧客什麼樣的行爲或話語會讓你感受到不舒服？」從事服務工作的

大家不外乎是，客人自以爲是、不聽我說、不耐煩、沒耐心、要求很多又要快速、講話不客氣……。

讓我印象深刻的答案是一位維修冷氣的師傅說他超怕遇到媽媽型的顧客，我請他說明定義一下他所謂的媽媽型顧客是做了什麼又說了什麼，年輕的技師這樣描述：「一進到屋子裡又是飲料又是點心，最可怕的是開始噓寒問暖，每次回應後都會一直說謝謝，我在維修時他會在一旁問我的身家背景，下一步就是讚美我的樣貌，最後一定會問說需不需要幫我介紹對象。」

課程中資深的技師們開玩笑地笑著說：「這哪是困擾這根本是福利，你這是在炫耀吧！」這位憨厚的年輕技師當場臉紅到不行。

會對服務人員不停的表達說出感謝、情意的顧客，他們在「表達情感」這個性格特質都屬於高分取向，他們常掛在嘴邊的話或行爲有哪些？當他們向你表達情感時，他們也會期待你能這樣對待他們？怎麼做才能讓他們也接受到你的情感呢？若是你的忠實顧客中有該特質，你可以怎麼運用該特質的回應方式，讓他對你的服務死心塌地。

你能觀察顧客有無高頻率出現「表達情感」的行爲或話語，像是：

・每一次要問問題前都會說「不好意思」。

・即使是你麻煩了他，你向他說謝謝後，他也會順口的回你「謝謝」。

・當你給些額外的幫忙、小禮物或優惠折扣時，顧客的眼角會瞇起來對著你說「你眞的人好好」，而且狂說感謝以及你怎麼幫了他大忙的相關內容。

・如果是常客或熟客去到那遊玩也會帶些名產紀念小物送你，或帶些食物來與你分享。

性格上較爲內向或服務顧客時以解決問題爲導向的人，遇到這類型的顧客通常會深感困擾，其實只要別不出聲，而是以應和式的回應就不會顯得好像無情了，根據顧客的三種情感表達，怎麼回應會更好在這列舉讓大家參考。

被感謝時：

例如：「非常謝謝你還幫我到處調貨。」

×這沒什麼，應該的。

O是我要特別謝謝您讓我有服務的機會，能為您處理這件事，是我的榮幸。

被讚美時：

例如：「你的剪髮技術很好，尤其是這瀏海很多設計師都沒輒。」

×嗯！這是基本的技術而已。

O謝謝您喜歡我的技術，有任何整理頭髮上的問題都能隨時提出。

被送禮時：

例如：「這小禮物是我去福岡旅遊時買的。」

×謝謝您。

○非常開心您在國外旅遊還想到我，特地帶禮物送我，有您眞好。

還記得前面年輕技師被媽媽型顧客關懷的話嗎？試著練習怎麼回應：

「一進到屋子裡又是飲料又是點心，最可怕的是開始噓寒問暖，每次回應後都會一直說謝謝，我在維修時他會在一旁問我的身家背景，下一步就是讚美我的樣貌，最後一定會問說需不需要幫我介紹對象。」

飲料點心→謝謝您還特地準備飲料點心，不和您客氣，不過我們在工作時間比較不方便食用。

噓寒問暖、說謝謝→能來府上協助維修，是我們要謝謝您願意一直給我們產品機會。

讚美樣貌→謝謝您對我的讚美，希望這次的維修服務也能讓您滿意。

請掌握：先坦率接受對方讚美、回應不要太簡短、把謝謝掛嘴邊，如果你很怕顧客又扯遠了，你可以用工作、產品、服務的句子來做轉移結尾。

擁有藍色性格中「表達情感」特質的顧客，若他是你的ＶＶＩＰ，前面我們有教你算過顧客的終身價值，VVIP顧客你可以定義是前百分之五也或者是轉介率前百分之十，若他是藍色顧客且常常對你展現「表達情感」的性格行爲，「愛屋及烏」這一個方式相當建議用在對他的服務中。

在節日或是專屬他的特殊節日前一個月，像是父親節、母親節、女神節、生日、加入會員的日子……等，給他一封手寫的邀約卡片，你除了招待他一個頂級服務之外，請他當天也邀請一位他最好的朋友或家人，你也一同完全免費招待。

不過有個筆記請各位牢記和執行：

第一、說出名額有限：邀約時一定要讓他知道VVIP專屬招待服務，並非人人都有，他爲什麼可以是，總共只有幾個名額也都一起告訴他，這麼做除了讓他感到特殊尊榮外，也會讓顧客想繼續持有這般專屬的服務，就自然會有更多的回流、滲透或轉介發生。

第二、做足裡子：顧客邀約朋友到來時，你可以特地對他的朋友這樣說：「我們向×先生/小姐說明VVIP頂級服務可以邀約朋友時，他第一個就說一定要把這麼好康的活動讓您知道，要找你一起來體驗。」這些話藍色人自己會不好意思說出口，但他們的心意絕對是如此，藉由你這位第三者的嘴說出，更能爲顧客表達出他對朋友的喜愛或重視。

第三、不做任何行銷：在這次的流程中除非顧客的朋友自己「向你」提起想要後續的服務，要不然即使是在體驗過程中他對著你的VVIP顧客說對服務體驗或產品多有興趣想試試，都請裝作沒聽見，不要像是餓昏了的獅子立刻張口吞食，否則顧客會認定你只是美其名用活動想藉由他拉進新客，你的服務只要有符合對方，他自然就會找上門，無需爲此讓一位忠誠顧客離你而去。

我們的時間和資源都有限，愛屋及烏這個方法不需要用在所有VVIP身上，除具備「表達情感」特質顧客很適合外，後面章節會提到的橘色顧客也相當適合（表達方法上會有些不同，請見P.235），因爲他們所邀約來的顧客，百分之八十以上也都有機會成爲你的顧客。

6

感性思維

》高分族群

顧客顯現行爲：情感豐富、評估決策時主觀多於客觀，表情口氣動作皆溫和、說話習慣拉長音。

應對技巧：表情對、眼神對、口氣對、順序對。

》低分族群

顧客顯現行爲：敘述表達事情用字精準，常以數字、原則、順序來表示，面部表情少。

應對技巧：一開始就先點出結論，再以數字、理論、原則來說明緣由和細節。

以前我都覺得吳寶春麥方店的麵包每一個都好貴，不懂爲什麼大家進到店裡買麵包好像都不用錢似的狂拿，直到二

○一九年受邀為他們的管理團隊上課前，我除了去店裡做神祕顧客體驗服務外，還研讀了吳寶春師傅的書籍和資料，才知道不單是吳寶春師傅是個傳奇故事外，有好幾款麵包、糕點的研發都是有故事的。

紅豆麵包的研發和一段回憶初戀故事有關、鳳梨酥的命名「無嫌」是紀念寶春師傅的母親，寶春師傅從沒吃過法國麵包，卻能連續兩次在法國奪冠得到世界冠軍，這都使得顧客們趨之若鶩。

他們的服務更是不用說，門市店面空間寬敞、服務人員講話聲音溫和又客氣、笑容真誠且親切，還會主動詢問是否需要協助切？切幾塊？這些感受都能讓顧客還沒吃麵包就先感受到「會呼吸的麵包」是如此的滋味。

藍色性格中「感性思維」的顧客重視感覺需求勝過於物質需求，但不代表他們就不在乎功能、品質、價格、流程細節……等，只是相較下在服務過程和與人的互動中，甚至是產品品牌的印象若感受上是好的，他們就已經先買單或給予極高好評價。

吳寶春麥方店產品優、用料實在且安全、品質好這是外顯吸引力，而上述的服務、服務人員的溫度、品牌和產品的相關故事、空間感受，這些是感性思維型顧客吸引他們一再進到店裡，且對於每一樣產品都愛不釋手的潛在吸引力。

感性思維的顧客從內在思維、外顯樣貌到用字遣詞會有什麼展現呢？遇到感性思維的顧客在服務上要怎麼說如何表達，才能達到高滿意度呢？

試著從和顧客的溝通互動中去觀察他是否有下列「感性思維」特質：

- ‧情感豐富，容易多愁善感，比較常講自己不開心的事，就算是聽著別人的故事也會隨之動情。
- ‧思考事情或做選擇決定前難以客觀條件做檢視，大多以主觀感受做評估，評估時容易猶豫不決、三心二意。
- ‧富有同情心，讓人感受溫暖、有溫度且心很軟。
- ‧表情平淡和氣、口氣眼神溫和、動作優雅斯文。
- ‧說話會把字音拉長，使用文字訊息上習慣以「啊！喔！啦！」當字尾。

當顧客展現出上述二至三個以上行爲特質，與他的溝通應對方式可以參考「四對」方法技巧：

表情對：藍色顧客很吃表情，在服務過程中請將最親切的樣子展現出來，假如你是個正經笑不出來的人，記得將眉頭放輕鬆不要深鎖，試著把微笑肌盡可能往上推；如果你是個喜怒形於色心情正不好的人，臉會很臭而且可能把情緒移轉到顧客身上，務必立刻轉念想著這位顧客的終身價值，可能是一台法拉利、一間房子也可能是好幾個億，怒就能變喜了。

眼神對：感性思維的藍色顧客在和人互動的感受上會特別細膩，打個比方顧客在感受的偵測器刻度是1公分，藍色顧客的感受偵測器刻度則是0.1公分，在他們面前絕對不要翻白眼，在微小的白眼都會被觀察到，練習讓自己的眼神瞇一下就能做出眼部的微笑，相反的要避免把眼皮上撐、眼睛瞪大則會有兇狠感。

口氣對：和藍色顧客溝通時最怕被他誤會你不想理睬、甚至是輕視他，因此口氣溫和會是最理想的表達方式，若你認爲語氣溫和顯得做作，那你就得提醒自己別大聲說話，也不要輕易說話加重音；若是平時說話語速較快且無高低起伏的人，要刻意提醒自己將速度稍微放慢一些，才不會讓顧客在互動中有被咄咄逼人的感受。

上述三個是在和藍色感性思維顧客溝通時一定要做到的基本，前面合格了，下面這一個才會有加乘效果，若表情、眼神、口氣無法做到，順序對也只是在做白工。

順序對：和感性的人說話，別急著將數字、理論、引經據典、道理當開頭，掌握要先動之以情才能說之以理的原則，因而在一開始可以藉由談自己的經驗、聊顧客的感受、說別人的故事，來引起感性思維顧客共鳴的方式。

這「四對」若是都能到位，氣氛自然就感性了。

有次我去某縣市的藝文中心幫一群志工們上課，他們大多是從職場退休後的熱心人士，當我分享與藍色顧客的溝通表達技巧後，一位大哥問我：「民眾總是很愛在表演的時候拿起手機來拍照錄影，勸說後都說『好』、離開後又繼續，在表演進行中我們也無法再提醒，以免又被一旁守法的民眾客訴我們說在勸導時干擾到他們的觀看視線或聽覺。」

當天我跟這些大哥大姐們說，在你走過去準備要勸說不可拍照錄影時，民眾如果一跟你對上眼就會狂說「對不起」、露出不好意思模樣的，這就是藍色顧客的特徵。這如果是在表演進行中發生，就要避免影響觀眾和表演者，無論是表情、眼神、口氣和順序都不可使用四對的方式，否則原本是糾察隊的你就會變成罪犯。

當天我讓他們在課堂上練習表情：不需微笑、眼神口氣要堅定不用親和，同時手指向他的手機或相機，用字簡短一字字慢慢用氣聲說「請收起來」，這個時間、場景不需動之以情，而是要能讓民眾正視著作權這件事，我們是來負責制止的。

當然上面這方法治標不治本，最後我給了他們一些建議：若能在演出前用廣播的方式提醒民眾尊重著作權，除用讀出條文的方式外，也能柔性的結合當日的內容動之以情引起共鳴，再強調這場演出禁止攝影拍照錄音錄影，如此的效果會比活動中再制止有效。

出色服務溝通力認證講師經驗談
眞晟管理顧問有限公司執行長 Grace

在業務工作中，遇過一位轉介紹認識、不是那麼熟的客戶。

由於我是綠色人，平常不會沒事一直跟客戶吃飯喝咖啡，每次聯繫通常是問一些保單的事，但一次次接觸後，發現這位客戶有比重不低的藍色性格，主因是她在每一次對話，總會分享她的心事。

還記得某天她傳來訊息：「Grace 有空嗎？，想確認一下如果是健檢，保險會不會賠？麻煩你。」當下因忙碌直覺地回了：「只有檢查沒有治療，保險不會賠啊！」她回我：「喔～我問看看而已。」我意識到，啊～藍色人敏感了，趕緊回覆：「抱歉，正處理一個理賠，所以回比較直接，等我們碰面再跟您詳細說明，也幫您們複習保單，謝謝您隨時都注意到保險。」她說：「打擾你了，跑來太麻煩，我只是要問會不會賠而已。」我秒回：「不麻煩啦，健檢前複習一下很重要。」碰面時她再次說：「不好意思～我跟老公打算去健檢才問你，沒賠沒關係啦。」我確信她敏感了，接著善用她的同理心說：「沒問題，對您很抱歉，因爲當時在溝通理賠，那個朋友很辛苦（開始啓動藍色的同理心，說明故事經過）……」分享理賠以及我在壽險業的信念，後來她加強了保障，謝謝我跑這一趟。

藍色人敏銳的心思，放著不理可能會受傷，但如果能同理她、讓她覺得被在乎，善用同理心，會很好懂。我是綠色爆棚的 Grace，四色讓我能適時換檔，跟不同人溝通，提升我的銷售績效。

PART 4
四色顧客操作手冊——綠色

communicate

1

重視邏輯組織

高分族群

顧客顯現行爲：聽你表達過程中容易不耐煩，只問重點、認爲你答非所問。

應對技巧：剪雜枝、列點下標、熟練5W2H、縮時練習。

低分族群

顧客顯現行爲：重視情感和感受更多，會追問感受面的問題。

應對技巧：輕鬆傳遞資訊，儘量別以條列做表述。

這幾年我幫許多服務產業進行培訓，無論是課前的問卷調查，或課程中與學員的演練和互動交流，都能發現學員在四種顏色的顧客類型中，最害怕遇到綠色顧客，因爲這一型的顧客在問話的氣勢和表情上，都讓人有種莫名的壓力。尤其是當綠色顧客狂問「爲什麼」，追問每一個數據、理論，也或者表示出「請講重點時」，當下學員們都說自己內心很期待顧客能對著他大喊：「叫你們主管出來。」他就可以脫身了，只是這句話並不會輕易從綠色顧客嘴巴說出啊！

重視邏輯組織的綠色顧客說哪些話時，極可能表示他認爲你的表述未能達到他的期待，如何訓練自己說話表達具有組織邏輯呢？

綠色重視邏輯組織型的顧客，相對於前面提到的藍色顧客，他們的傾聽耐心度較不高，若未能在他們把耐性用完前說出他們想聽的內容或回覆，他們是會直接打斷，並且說出類似像這樣的話：

「這我已經知道，你說的我都知道了，我沒有要知道這些。」

「所以你要說的重點是？」

「跟我說這個要幹嘛？」

「我沒有聽懂你到底在說什麼。」

「你一直沒有回答到我的問題，你有懂我在問什麼嗎？」

若是常被顧客說出類似上述的話，強烈建議一定要開始訓練自己的精準表述能力，四個方式從剪雜支、列點下標、準備5W2H和縮時，用自己的服務內容、專業當主題好好做練習，一定能改善且提升表達技巧，更能符合綠色重視邏輯組織顧客的滿意度。

剪雜枝：綠葉能襯托出花，但過多的綠葉反倒難凸顯出花的存在和美感，當在和重邏輯組織的綠色顧客溝通時，他們喜歡直接聽到關鍵資訊，那些綠葉對他們而言就是不必要多說的廢話。

有些話不說顧客也不會聽不懂，有些話說了對於顧客在溝通理解上也毫無助益或加乘效果，那些就是需要捨棄刪掉的話，記住「少即是多」這個溝通法則。

×你現在看到菜單上這一頁是我們會定期做更換的點心，這一週我們推出的主題是草莓，每一樣點心的草莓都是來自日本很有名的福岡草莓，甜中帶一點微酸感。

○這一頁是定期更換的點心，這週主打的草莓是來自福岡，甜中帶一點微酸感。

列點下標：在表達上善於利用列點方式讓自己的表述更加有條理組織，強烈建議二到三點最爲理想，如果列了太多點，當你說到後面顧客也可能忘記前面你說了什麼。

先告知顧客你將會分成幾點說明，才一一接著敘述（例一），更有組織的表達則會善用下標（例二）。

例一：這個香氛的功效有二個，分別是：第一鎮定效果、第二舒緩情緒。

例二：接下來我將用五分鐘介紹這平台，分別從「功能面」和「操作面」來說明，我先從功能面的二個功能：自動化和系統化來做詮釋分析，首先關於自動化……接著來看系統化……。

列點、下標不單能幫助自己把要說的內容做整合歸納外，也能讓綠色顧客感受到組織架構式的表述，假使過去在服務上不曾這樣做表達的人，會建議先從列點開始，才不會覺得很難或怕自己標下得不好。

熟練5W2H：有時候在顧客服務上我們過於心急想表述已準備好的內容，造成沒有聽出顧客需要我們回應的內容，就容易答非所問或扯太多。還有一種狀態是回覆內容過於制式，一定都要從第一個字說起，無法從中擷取片段應變做回覆。這兩種狀態的服務都會讓綠色性格的顧客認爲你說了他根本不需要得知的資訊，認爲你在浪費他的時間。

因而會建議將你所需說明的服務、產品、流程、功效、結果……等，分成5W2H分別一一練習怎麼說的精準且易懂。

- What：做什麼?……要做什麼?目的是?
- Why：爲什麼?……原因是什麼?理由何在?
- Who：對象是?……誰來做?哪些人會參與?
- When：時間是?……什麼時候適合?什麼時間開始?需要多久?
- Where：地點是?……在哪進行?會到哪些地方?

・How：方法是？……怎麼做？做法是什麼？依序怎麼做？

・How much：成本是？……花費多少？

舉一個在皮膚科或醫美工作諮詢師的例子，關於皮秒雷射從5W2H要怎麼寫下哪些問題來演練回答做準備。

What：皮秒雷射是什麼？可以改善皮膚的什麼問題？

Why：利用的原理是什麼？和過去傳統的雷射差異是？

Who：什麼樣的人適合？什麼樣的人不適合？整個手術前中後分別由誰來操作？

When：一次療程的時間？術後多久斑才會掉？可以維持多久？建議多久再做一次保養？

Where：整個療程前中後分別會在哪裡進行？

How：術前有沒有需要注意的事項？療程前中後會做哪些事？術後回家如何保養？

How much：一次療程是多少？計費的方式是什麼？

將這些問題的回覆做梳理，同時應用前面提到的剪雜枝和列點下標，熟練後就能有組織、有架構的回覆顧客的提問。

縮時練習：不單是綠色顧客期待服務過程中字字句句都是重點，隨著科技媒體的演變和普及，顧客在傾聽專注度上的時間只會越來越短。過去從長影片三十分鐘到YouTube十五分鐘，再到臉書影音三分鐘，現在則是短影音四十秒，你務必得要能長話短說。

以前你預計要花三分鐘介紹的事物、資訊，你得私下自行練習一分鐘內說完它，方法無他，只能透過不斷練習。此外，你要能有自我觀察覺察的能力，你可以將內容說一次且同時錄下來，隨後播放聽看哪裡需要再取捨，提醒自己不要透過加快語速縮短時間，而是能把要說的內容去蕪存菁且句句到位達成設定的目標時間。

我曾經輔導一位房仲業店長表達技巧，他的業績、服務和領導皆有相當優異的表現，不過在表達上較爲憨厚，在他去參加全國傑出店長選拔口試前，我請他錄製一段三分鐘自我介紹，他從一開始七分鐘的版本，透過縮時練習方式，一再的修剪雜枝，最後他一分鐘內就能把自己的傑出表現精準說出，並得到評審的認可。

別羡慕口才好的人，綠色重視邏輯組織的顧客買不買單，並非來自口才有多好的人，而是來自你能不能精準表述出他期待的資訊或答覆。

2 探索爲什麼

高分族群

顧客顯現行爲：喜歡問爲什麼、原因、理由，和其他產品相比較並要你說明差異爲何。

應對技巧：心法——別誤解顧客。觀念——人不會樣樣會，但要接著巧妙應對。技巧——對自己提問爲什麼做練習。

低分族群

顧客顯現行爲：你在說明爲什麼時，他會透過語言、表情、心不在焉來表示出沒興趣了解。

應對技巧：先說他有興趣知道的內容，或把要說的內容變成反問顧客。

有次在通訊行代理經銷商演講後，一位台中的老闆前來問我：「我在台中有三家通訊行，有一家員工離職流動率特別高，原本以爲是店長的領導能力出問題，我就把優秀的店長調去管理，不過依舊沒有任何改善，店長面談幾位離職的員工後才發現，那家店的顧客很多都是工程師，每一次來不管是手機或通訊、費用的任何問題，都問到讓店員們感到挫敗，甚至會開始懷疑自己的工作價值何在。」

老闆說他回去後會做兩件事，先幫現職員工進行專業知識的教育訓練，避免被顧客問倒，再者下次招聘新進員工時他會找一樣是綠色、喜歡探究且找出爲什麼的夥伴。的確，這兩個方法都能有機會改變這家店未來的命運。

喜歡探索爲什麼的綠色顧客，無論在哪個產業要服務他們都是較有難度，然而若能清楚的解說回覆，甚至顧客未開口或正要開口提問爲什麼前，你就能主動述說，他們通常就能成爲忠誠顧客。

喜歡探索爲什麼的顧客，除了用「爲什麼？」還有哪些話語也是他們在互動溝通中會出現的呢？若是害怕被綠色顧客問爲什麼，可以怎麼做讓自己輕鬆應對，不再像是被考試般的膽戰心驚呢？

「爲什麼？」

「爲什麼不是……？」

「不可以是……嗎？」

「原因、理由是什麼？」

「有比較好嗎？」

「跟……有什麼不一樣？」

在這提供遇到喜歡探索爲什麼的顧客，面對他們的心法、一個觀念和一個技巧。

有些顧客問及「爲什麼」是出自好奇心，而擅於探索爲什麼的綠色顧客並非出自好奇心，而是重視邏輯組織，所以時常透過問爲什麼來釐清，他們的外顯樣貌通常是口氣相當平淡、用字精簡，表情更不會帶著微笑，有些語速快的顧客甚至有種強勢感。請千萬不要誤解他的爲什麼，這句爲什麼沒有要質疑你，更沒有要冒犯的意思。

因此在心法上，不要覺得顧客追問爲什麼，是因爲不相信、是在質疑你所說的話，他只是因爲重視邏輯組織的特質，所以凡事都需要搞清楚爲什麼、原因和理由，因而請保有對自己在表述溝通上的自信心，請勿輕易改變最初提出的說法、觀點、建議或想法，避免被綠色顧客認爲你頭腦不清楚，說話顛三倒四。

也別認爲對方在質疑或挑戰你，當陷入自以爲顧客是敵人時的心理戰，就容易在說話口氣或用字上展現出防衛心，反而會讓顧客感受到你在服務態度上的轉變。

曾在機場承辦保險的櫃檯人員，看到服務同事被顧客詢問過：「你說一次保半年，和分二次各保三個月和十天相比，保費明明就貴很多，這樣前者好在哪？」服務人員很急的回應說：「我沒有說過保費會比較便宜，我只是建議您如果很常出國，一次投保半年雖然多出二千五百元的費用，但只要半年內總出國數會超過一百天，其實就是划算的了。」

這段回覆中「我沒有說過」、「我只是建議」拿掉，可以變成「您提出的問題讓我花一分鐘時間和你做個解說」當成開頭，如此一來可以避免被誤解成服務態度不佳或反質疑顧客。

每個人都有不知道的事情，只是擔心回答「不知道」，可能會被顧客質疑自己的專業度，進而影響之後的溝通互動，一想到此，服務人員就有可能會用含糊的方式帶過，也有可能胡亂掰瞎，或回答說「沒有爲什麼，就是這樣」，這些方式都特別容易讓綠色顧客對你失去專業上的信任。

特別要說明的是，雖然這世上絕對不會有一個人事事都知道、凡事都清楚，若是在顧客服務的過程中，被問到了你不知道的事情，該怎麼辦？在綠色顧客面前承認自己不知道，反而是最保險的方式，因爲太多綠色顧客可都是有備而來的，只是你在承認自己不知道之後，得立即提出補救的回應，才能避免被顧客認定不專業、不想正視問題或刻意不回應。

關於流程、規定：

例如顧客提出：爲什麼你們的流程是這樣安排，而不是……？

→我還不了解公司制定這流程的主要安排和原因，請容許我向公司詢問後再回覆您，好嗎？

關於專業：

例如顧客問：爲什麼有哮喘的人不可以進入火山口參觀？

→這樣的安排或許和健康因素有關，不過對於您提出的這個問題尙不清楚眞正的原因，請讓我去瞭解清楚後再向您說明。

→這部分我沒有了解過，請您在這稍等，讓我去請清楚原因的人來向您說明。

將「即使是我的工作，我也會有不知道的時候」的觀念深植在你的工作態度上，當服務顧客時遇到了這樣的情景，你就不會顯現出慌張，尤其是在綠色顧客的面前。有時候他們看到你承認不知道的狀態還會主動解說給你聽，好爲人師的他們反倒變成是你的老師。

預防勝於治療，如果已經事先知道會遇到一直追問爲什麼的綠色型顧客，何不在與他們溝通互動前就先行預想他們可能會追問什麼，是一種考前大猜題的概念。方法是先列出顧客常提問的前五大問題，再將每個問題深入往下延伸三到五次的爲什麼，不單是知道這些問題的答案是什麼，更要練習將答案清楚明瞭的說出來。

我曾經幫一家塑身衣訂做的精品公司培訓，他們在台北市的綠色顧客格外多，在門市就常常上演「十萬個爲什麼」。遇到喜歡探索爲什麼的顧客，你要先能回覆爲什麼才能得到他們的信任，才能再進一步用過去其他顧客或自己成功的案例來做推廣、佐證或說明。

舉一個在他們店裡常被問到的問題之一：「你們的纖腿套爲什麼要這麼貴？」這個問題如何深入往下延伸？

第一層問題：你們的纖腿套爲什麼要這麼貴？

往下延伸三個以上相關問題：

1.爲什麼纖腿套需要量身定制？

2.纖腿套的功能和醫療用的彈力襪有什麼不一樣？

3.你們的纖腿套爲什麼會比較好穿脫？這樣還會有防靜脈曲張的效果嗎？

4.水腫的人穿腿套爲什麼能改善？一定都能改善嗎？

服務人員可以準備一個記事本，把每次顧客的提問都記錄下來，本來就知道的可以再延伸表述的方式，不知道的趕快找出答案將其補上，這本冊子會成爲你在專業上的寶典，當你需要帶領新人或做分享交流時，也會是很好的教材和資源。

3

專業知識爲王、重視實驗研究

≫高分族群

顧客顯現行爲：提出專業問題後會一再深入的詢問，也有可能會自行先做研究和實驗才來與你探討。

應對技巧：內容面要有物、談吐面要有氣、外顯面要得體、心態面要有力。

≫低分族群

顧客顯現行爲：聽到專業內容解說時，面露出無趣或眼睛無神，有些顧客會用問題將話題岔開。

應對技巧：若非爲必要，無須再花時間解說，也能將專業的內容以書面紙本資料提供參考。

一位在茶飲店工作的學員跟我分享，她在工作中印象最深刻的事件是曾被顧客問及喝紅茶對身體有什麼幫助？

她當時回答說：「紅茶有鎮定效果可以助眠。」

顧客接著反問她：「你們的手搖飲堪稱茶葉是最濃厚的，濃厚的茶晚上喝了不就會睡不著，那妳剛說可以助眠不是互相矛盾嗎？」

她這麼一分享讓我也好想知道究竟手搖飲紅茶是會助眠還是失眠的呢？學員說，在那當下她也回答不出來，因此說了句：「可能都有吧！」顧客不客氣的丟下一句：「賣茶飲的竟然連茶葉的基本知識都沒有，這樣也能在這工作。」隨即轉身就離開。

這件事讓她很受挫也覺得很丟臉，於是她開始認識紅茶、綠茶、烏龍茶的功能和差異，之後無論顧客問關於茶葉的任何問題，她都能詳細且專業的說給顧客聽，再也不會說出紅茶有助眠功效這種錯誤知識，而是告知顧客紅茶中的咖啡因能夠提神醒腦，同時也含有茶胺酸，能提供持久的精力。

綠色顧客相當在乎服務過程在回應時是否具備足夠的專業知識，這類型的顧客甚至都是做足了功課，來檢測服務是否夠專業，才加以決定是否成爲消費者或合作者。

綠色性格中在乎專業知識，有實驗研究探詢精神的顧客，他們在溝通互動過程中常展現的行爲或話語是什麼樣的呢？在和他們互動時該怎麼表述才能讓顧客認可自身的專業，又能滿足顧客喜歡實驗研究探詢的習性，得到他們十足的信任，成爲忠實度高的顧客呢？

- 重視專業知識、且具有實驗研究精神的綠色顧客，常有的展現是對服務或產品要求知道更多原理和資訊。
- 在一番交流後，會繼續提出具體或更深入的問題、觀點。
- 表明自己有備而來，要來聽你闡述或澄清某個點（例如：優勢、弱勢、疑惑、評論……等）。
- 帶著整理的筆記內容或文件前來，並且仔細闡述說明。
- 給予反饋，並且想要一起找出解決方案。

和綠色該性格強烈的顧客互動時，無論在內容、談吐、外顯和心態面上都要能展現出十足的專業感，四面俱到的方法如下：

內容面要有物

綠色的顧客無所不問，只要和工作領域相關的知識，就得要搞懂弄熟，第一請熟記所有的專業名詞和自身領域的原理，不僅要能無誤的說出正確資訊，更要以通俗白話的方式讓對方懂。有兩個技巧建議多加利用：

首先，專有名詞要能知道全名，若是翻譯名能夠知道英文且說得出來，是最可取得綠色顧客對你在專業度上的認同，假使是縮寫，要能刻意熟練全名，讓自己在顧客面前不假思索流暢的說出，這都會讓顧客深感你有下功夫在該領域上，信任和感受度都會大幅提升。

例如：ＢＭＩ這個詞，身爲健身教練、營養師，或減重相關諮詢人員在和綠色顧客探討到ＢＭＩ時，可以這樣說：「ＢＭＩ是Body Mass Index，用體重和身高的比例來檢視身體質量的指標。」

再來，專業用語請用通俗的白話做解釋，可以這樣做：先用顧客生活中的已知經驗或知識，來談及他還未知的專業，我將這手法稱爲「已知談未知」。例如：想要談養成肌肉對身形雕塑的重要性何在，可以先向顧客提問：「一公斤的棉花和一公斤的黃金，誰看起來的面積會較大？」（已知），接著再用剛剛的觀點來談一公斤脂肪和肌肉，視覺呈現就是棉花和黃金。

要用已知談未知建議平時多聞多看多聽，不要排斥任何不熟悉的事物，因爲顧客來自四面八方，此外從事服務產業工作請無論在哪都將五感（視覺、觸覺、嗅覺、味覺和聽覺）打開，在你的資料庫將會儲存許多五感的經驗，未來一定都能在專業解說用上。

談吐面要有氣

綠色顧客往往都是先做好功課，甚至已做過多番嘗試、研究才前來，一方面他要來驗證自己的研究是否正確，另一方面也是來考驗你是否值得他信任，然而他們連環的問題、清晰精準的用字，以及不帶表情的提問、甚至是咄咄逼人的口氣，都會不經意讓你的底氣銳減，越說越覺得心虛，即使說的都是對的，但隨著聲音表情展現出恐懼害怕，自信也隨之消失，而綠色顧客對這樣狀態的服務也失去了專業信任感。

建議你就算內心害怕表情也要展現出自信，並且不疾不徐地表達你準備想說的內容，口氣更是要堅定，顧客根本就不會吃掉你，更沒有想吃你的意思，都是你自己在嚇自己。

外顯面要得體

近期朋友帶我去重慶一家洗髮店洗頭，我看到一位穿著寬鬆灰色西裝褲、黑色老舊皮鞋和短版咖啡色皮衣的設計師，立刻對朋友說：「這不像設計師吧！比較像是修皮鞋師父的穿著。」

雖說以貌取人不對，但身爲顧客就是會以貌取人，尤其在乎專業的綠色顧客，他會去找一個臉上都是痘疤的醫師做皮秒雷射嗎？會聽信一個身形肥胖的營養師給的諮詢建議嗎？會把房子交給一個穿著隨便邋遢的房仲嗎？如果你都會考慮了，那綠色顧客更不可能接受與專業不搭的外在。

曾經在爲一家連鎖量販店上課時，帶著組長們透過「顧客旅程服務地圖」這個工具，先列出他們的顧客在進店後與服務人員互動、接觸的時刻點，像是：迎賓、商品詢問、結帳、兌換禮品…等，一一檢視每一個時刻點顧客心情感受的高低，再從中找出能改變顧客感受且可以改變的關鍵要素。課後他們站收銀台的服務人員將頭髮上的鯊魚夾改以髮帶替代，淺色的制服也改成深色為主，整體給顧客的感受不僅顯得乾淨、清爽，也更顯年輕。

未開口前第一印象尤其重要，外在裝扮絕對更易於溝通表述上的準備，若因為外在留下不專業的印象分數，後續得花更多力氣來建立專業和信任度，反而更加累人。

心態面要有力

富有研究實驗精神的綠色顧客很喜歡在摸索探究後，以提問的方式來做溝通交流，如果能屏除認定他是刻意來找碴的心態，綠色顧客好為人師的性格能讓你從他身上學習到很多你不知道的知識、技能。

有次我去一家銀行上課，學員來自各分行最高主管，上課時我提到了如何對顧客進行理財方式的推廣，課程結束一週後，我收到了某分行主管的來信，他給了我用簡單又清晰的ＰＰＴ圖表呈現的理財分析，並說明針對四色顧客可以給予的建議和規劃，還說授權給我下次幫他們同仁上課時可以使用。

收到顧客自行研究後的分享，千萬別說「有您眞好」這種他不會有感覺的話，你得具體的表示感謝讓他知道，像是這樣回覆：「這些資訊是我過去不熟識，透過您的交流分享，我在這方面更加精進了，這將讓我未來在服務上更能正確且清楚的跟顧客述說，再次謝謝您。」

喜愛實驗研究的顧客得到如此回饋，雖然外在只會微微地回應表示沒什麼，其實內心感到自己專業被尊崇而雀躍無比，他不是個易於和人建立關係的顧客，若能掌握此特質，這會是一個使他成爲忠實顧客的契機點。

4 相信數據、事實

≫高分族群

顧客顯現行爲：會要求提供數字，聽到概略性和感受性用詞時，會追問出精準的數據和事實。

應對技巧：話語中不出現「可能」、「我覺得」、「差不多」，以數字做表達時要讓其有意義、有連結、有比較。

≫低分族群

顧客顯現行爲：聽到一連串數據內容、道理時會顯出艱澀或無趣感。

應對技巧：透過故事、案例、經驗分享，將數字置身在當中。

在幫一家網站製作行銷的公司上課，談及服務四色顧客時對方各別在意的點；學員說他們曾經去到一家公司做簡報，在簡報過程中顧客時不時打斷他們做提問，每個問題都相當尖銳，像是：「你們說市場上很多公司的網站都是你們做的，請問什麼產業最多？有幾家？」「你們提到之後可以自行更新網頁內容，很簡單就能操作，請問很簡單的定義是什麼？」

結束簡報後他們都覺得自己可能沒機會接到這案子，最後顧客通知與他們合作時，業務經理忍不住問顧客最後選擇他們的原因，顧客說因爲只有你們能精準的說出相關數據，並且不含糊說明相關細節。

期待給予明確數據、以精準用字表述事實而非自身感受這類型的綠色顧客，他們在服務溝通過程中，哪些用字會讓他們不買單甚至產生抗拒？你能用什麼字詞或方式來做替代表述？他們最在乎的數據又該如何適時呈現才能讓該類型顧客有感呢？

三個習慣用語「可能」、「我覺得」、「差不多」是綠色顧客最不喜歡聽到的用字，一聽到這三組字詞會立刻追問你，「所以是肯定還是否定？」「你說我覺得所以是你覺得，那麼事實是？」「差不多到底是多少，能給我明確的數字嗎？」

這三組字詞要怎麼做替換才能避免綠色顧客質疑起你的專業，怎麼說才能取得信任感、高滿意度和忠誠度呢？

將「可能」、「應該」這種推測的用字，轉變成語氣肯定的句子

先說「可能」兩個字容易帶給綠色顧客什麼樣的感受，看看這例子：

「你要的按摩椅可能沒有辦法在您要的時間送達，應該要等四月十三日後才能出貨。」這樣的回答暗示著不確定性，也有顧客會理解成你不想給予明確的承諾。

因此如果不行，就直接將「可能」二字拿到，改成這樣說：「因爲物流安排的因素，您要的按摩椅無法在這個時間送達，要麻煩提供四月十三日後可送貨的時間點我來爲您安排。」

假使需要時間再去做協調還無法確認，一樣建議將「可能」兩字拿掉後這樣說：「您期望要送達按摩椅的時間，系統目前顯示當天無法出貨，我試著去做協調安排，十分鐘後再告知您是否可行。」

把「我覺得」三個字拿掉，替換成依據、根據

當你跟綠色顧客溝通時說出「我覺得」這三個字，他們的解讀會是什麼，用這例子來做分析：

「我覺得您選用這支口紅的顏色，可以更顯白。」

這句話綠色顧客會認爲該建議過於個人化，是你的想法但不一定是專業或理論，因爲他更加信任客觀和事實性的陳述，而非基於個人感受的主觀表達。

綠色顧客會期待能從專業的角度獲得建議和解決方案，所以和他們溝通互動

時請切記不要用「我覺得」三個字開場。你可以這樣說：

「您的膚色是標準亞洲人的膚色偏黃，如果依據膚色來選口紅顏色，珊瑚、豆沙、磚紅、梅子和土橘色，都會讓黃皮膚色顯出白皙。」

避免出現「差不多」、「大概」，轉換成精確的數字資訊

如果你是時常不自覺的說出「差不多」這樣詞語的服務者，例如：大概、大約、似乎、好像，綠色人相信數據、事實，只要聽到表述中有這些字詞出現時，就勢必會追問出明確且精細的資訊，舉個例子：

「這個套餐健檢項目多達一百四十幾項，只要花你一次時間，就能差不多知道你身體的現況和有哪些需要加以預防。」綠色顧客接著就會追問一百四十幾的「幾」究竟是多少？做一次的時間是幾個小時還是幾天？這個「差不多知道」，是哪些會知道、哪些可能不知道的？

建議在表述時請注意自己的用字，綠色顧客特別會聽出這些字眼再加以追問，若希望自己給顧客有專業感，除了練習不出現這些不確定性的字眼外，更要可以主動先釋出這些明確具體的資訊。

像是這樣說：「這次選擇的健檢套餐總共有一百四十三個項目，整個檢查流程需要四個小時，當天醫師會將已有結果的報告先跟您做解釋說明，其他需要等待檢驗結果的項目，會再和您約一週後的回診時間，讓醫師向您做各項數字上的判讀和解說。」將概略的用字大概、大約、似乎、好像，以具體明確的形式說出。

讓數字有意義、有連結、有比較

善用數字說話是和綠色顧客溝通的最佳武器，只是數字該怎麼表達才能成爲加分工具呢？千萬別硬背了一堆數字，但顧客完全無法從中感受到數字的意義，首先還是要從顧客本身出發，讓數字能和顧客做連結。

舉個例子：你要告訴顧客平板容量的大小，直接說出容量是 256GB 這數字雖然相當精準，但完全沒有意義。若你能先問顧客買平板最主要的用途是什麼？依據他的回答你再將 256GB 與他的需求連結上。

假使目的是影像編輯，你會這樣表述：256GB 能讓您儲存高清晰二十一萬張以上的照片；目的是看劇，你則會說：現在一齣劇大約都是八到十二集，256GB 至少可以下載六十四齣劇儲存在平板裡。

不讓數字冰冷無感，請根據顧客需求讓數字和顧客做連結，顧客才會對這數字感興趣。

除了讓數字和顧客做連結，也能善加應用比較和對比的技巧，除了以數字來強調前後差異，更能凸顯服務或產品本身的價值。看一下有使用和未使用比較對比的差異。

「我們上菜的速度平均十五分鐘能端上桌。」

→「和我們的競爭對手××相比，他們的上菜時間爲二十五分鐘，而我們平均在十五分鐘內，在這用餐能讓你能減少百分之四十的等待時間成本。」

「我們的益生菌有三百億菌數保證。」

→「市面上稱三百億以上菌數的益生菌，指的是出廠時的數量，隨著時間活菌是會快速減少，效果也就會跟著打折，而我們的益生菌指的三百億菌數保證是指到有效期最後一天還是有三百億。」

在與綠色顧客溝通時，善用數字能提高清晰度和說服力，確保使用數字的正確和精準度，同時與他提出的需求有高度連結，便能輕易取得綠色顧客的信任感。

5 追求卓越、完美

高分族群

顧客顯現行爲：喜愛提出改善、修正的建議；再好的服務或產品，都還是能指出可再更好之處。

應對技巧：給建議時專注聆聽不解釋，給予感謝後能告知後續處理方式，更能邀請參與新計畫的前饋。

低分族群

顧客顯現行爲：對於現有的服務相關體驗，表現出極爲滿意。

應對技巧：感謝他們的滿意、喜愛即可。

我和一家連鎖咖啡店營運團隊進行培訓前的對焦會議，營運團隊說他們有一位顧客簡直比老闆還像老闆，這位顧客每個月都會寫一到二次郵件給客服單位反應他認爲要改善的事件，從店裡的設備、環境，到新產品的風味、杯蓋設計，以及服務態度、對咖啡豆專業度的詮釋，信中他都會一一指出店裡現狀與缺失，以及可以如何做改善的建議。

不單是如此，他還會像老闆一樣追蹤是否有確實做改善，像是他曾提出廁所垃圾桶太大，加上沒有桶蓋，當垃圾接近滿桶時其實已經是一般廁所五倍的量了，不單是味道過於難聞，衛生問題也易於令人引起擔憂。

這項建議營運單位並未採取，而這位顧客則是一直拍下不同廁所的各式現場照片，來指出該項建議一直未做改善，也指出客服回覆給他的信中有提及「謝謝建議，我們會加以改善」，但卻沒後續。假使是你遇到了這樣的顧客，你會認爲這是專門來找麻煩的顧客嗎？還是你會相當珍惜這位「滿意度低但忠誠度極高」的顧客呢？

任何事情總會主動指出哪裡能再更好的顧客，性格上都有著追求卓越完美的綠色性格，在他們的世界裡沒有最好只有更好，永遠都有可以改善的空間，該特質強烈型的顧客，在服務過程中要怎麼才能讓他感受到卓越和完美呢？

和綠色顧客溝通互動時，他們最常說的話會圍繞在「最好」、「更新」相關的字句，像是：

「這是否是最好的方案？」

「我對產品/服務的期待是……」

「設備、產品、軟體……都會持續更新嗎？」

「這些步驟有必要存在嗎？不能更加優化嗎？」

當面對到綠色追求卓越完美型的顧客時，建議依據這五種狀態來做適當的回應——「未能達到該有的標準」、「未能符合顧客的期待」、「得到顧客的回饋」、「超越原有的規格」、「雛形發展前」，不但能避免被抱怨，甚至能有機會將其忠誠度提高。

未能達到該有的標準時：主動提出問題點，接著提出會如何修正調整或補救措施

像是：游泳池水溫過冷沒能達到溫水溫度，在顧客要入場前就讓他先知道該事件，並簡要說出未來這類事件會如何避免，讓顧客選擇是否入場，而不要等到顧客反應水溫過低時，才解釋原因。

當然有時是接觸到顧客前來反應時才得知服務未達到該有的標準，譬如說客服單位接到投訴電話，產品異常來到店家做反應，服務人員未如承諾的流程或項目進行服務……等，這時會建議直接說抱歉賠不是別解釋原因，因爲這些原因即使再合理，也會被綠色顧客當成是藉口推託，賠不是後務必主動提出後續補救的措施或方式，讓顧客感受到誠意。

游泳池水溫過冷若是顧客來反應我們才得知該事件，立刻針對立場需求和感覺需求具體說出對不起，可以這樣說：「水溫過冷造成您體感不舒適（立場需求），等到您來反應我們才知道溫度過低（感覺需求），我們會給予一張抵用券作爲賠償與感謝。」

未能符合顧客的期待時：針對感覺需求說抱歉，但別對立場需求賠不是

我在美容產業工作時，有位顧客拿著置物櫃裡準備的毛巾到前台來要求更換，對話如下：

顧客：「你們的毛巾很髒都黃黃的，看起來是油，是不是沒洗乾淨。」

美容師立刻去拿一條跟她置換並且說：「抱歉，我幫您換一條新的，這條很乾淨。」

這一換反而出事，客服單位接到了客訴，顧客指出我們怎麼可以將不乾淨的毛巾提供給她使用，並要公司提出未來如何避免這樣的情況再次發生。

在這案例中面對綠色追求完美卓越特質的顧客，用字遣詞要特別留意，也才能避免原本沒有錯卻變成有錯的狀態產生，沒有錯的服務絕對不說「對不起」，能夠表示歉意的是顧客感受上的需求。建議這樣說：「在SPA中心會館的毛巾因爲都是事先由專門的外包單位收送洗，經過高溫殺菌，因此不用擔心乾淨和衛生問題（立場需求），不過由於我們都是一整天結束後才送洗，所以洗淨了仍會殘留油漬的顏色。很抱歉讓您看到毛巾上的沉澱顏色而感受不好（感覺需求），等等我幫您挑選一條較爲潔白的毛巾，未來您預約，我也會先挑選出較爲潔白的毛巾給您。」

後來公司將建議的回覆讓所有美容師都做演練，避免顧客以爲公司提供的毛巾都是不乾淨不衛生的。

得到顧客回饋建議時：不急著解釋，理解後給予感謝，能回報進展最好

舉個例子：假使你的工作是書店門市，當顧客建議書店陳列應該將旅遊書放置在歷史書旁時，建議你先不用說明爲什麼沒有按照建議陳列，也無須解釋現有位置設計的原因，反倒是可以透過提問加以確認與理解顧客爲什麼會提出這樣的建議。

「謝謝您提供這樣的建議，我們書店相當重視讀者的意見，不知能否更深入了解您在建議上的想法，是因爲主題的相關聯性？或者是其他的考量或經驗？」

「您的觀點我們會進一步做研究，謝謝您的建議，這讓我們未來在陳列調整上能有機會更佳滿足顧客對書店的期待，您方便留下聯繫方式，一旦有相應的調整，書店將即時回報給您。」

最後無論是否有依照顧客提出的建議做調整規劃，都務必給予回報，因爲對綠色追求完美卓越的顧客而言，能深感意見備受重視和參與感，若未做任何調整，也能在回應時讓顧客知道基於專業考量維持不改變的原因何在。

超越原有規格服務時：刻意說出新品資訊或服務改善後的差異，體驗後蒐集意見和回饋

假設便利超商開始成立超商團購群組，在非尖峰時間當店員結帳後，可以針對常來店裡消費的顧客簡要提出這項新的服務，但面對綠色型追求完美的顧客在說法上除了先強調「會爲顧客帶來什麼更完善的服務」，需再說出「補足過去的哪個服務、功能或感受」，如此完整的描述 After & Before 不停改善、更新和追求卓越，才能增加綠色顧客買單的機會。

綠色顧客在體驗服務後，搜集他們的反饋更是不能輕忽，這是讓他轉成爲忠誠顧客的關鍵因子。以便利超商的例子來說，你可以這樣提問：「您用了超商團購群組後，哪些部分有符合您的期待？您會建議我們再做什麼樣的調整會更加完善？」

雛形發展前：邀請滲透率高的顧客參與前饋，搜集想法

當要推出一個新產品、服務、方案、活動……前，有時會邀請ＶＩＰ顧客或網紅來搶先體驗嘗試，目的是期望他們能夠在推出後協助推廣和分享，這是所謂的新品體驗。而前饋是指在單有念頭時，就邀請滲透率高的顧客來給予開創上的意見提供。例如：「改善大樓電梯速度慢」的方案。

新品體驗：是指方案已經產出決定，挑選幾個顧客優先來試用，從他們的體驗中找出是否有需要調整改善之處。

前饋：想改善大樓電梯慢的問題，先找顧客來給予建議，搜集他們的想法，再整理出可以做些什麼或怎麼做。

前饋適合找滲透率高且具備綠色追求完美卓越特質的顧客來參與，這兩個指標所交集的顧客，不單忠誠度高且對於該系列服務或產品相對了解透徹，腦中也

有很多想法建議，會有相當大的助益。此外透過前饋也能讓顧客相當具有分量的參與其中，未來新服務或產品不單是他們會買單，還有機會能帶動轉介新顧客。

會提出修正調整建議或意見的顧客，若你只是認爲他吹毛求疵，那麼顧客自然就會成爲你在服務時的找碴者，然而若能將綠色追求卓越完美特質顧客當成是軍師，那麼他將會成爲你很得意的謀略者。

6

有遠見、謀策略，重視效率

≫**高分族群**

顧客顯現行爲：會直接指出效率不佳的地方；期待給予全面整體的規劃。

應對技巧：針對效率不佳提出解釋，再給予解決方案；主動以長遠性的願景思維提出全面性服務規劃。

≫**低分族群**

顧客顯現行爲：要你別說未來如何，明白告知只在乎眼前。

應對技巧：在表達陳述時特別強調立即成效，少提及未來性。

便利超商集點換禮物除了刺激消費，還能藉此在活動檔期提高顧客的回流率和滲透率，然而我多次在門市遇見顧客未能兌換到禮物而對最無辜的店員怒吼；一次在凌晨一點遇到一位男性顧客拿著點數券來換禮物，店員查了一下後說：「抱歉！今天禮物都已經兌換完畢，要等明天才會再配發了。」

顧客非常不悅的抱怨：「才一點就沒有了，你們門市每天配幾件？昨天叫我今天來，今天又叫我明天來。」

店員急忙說：「對不起，我們也無法決定配的貨量。」

顧客聽了後更氣的提出：「你們既然要辦這活動，不是一句『沒貨了』來打發我們，再過兩天點數到期，我們還沒換到不就是把顧客當白癡耍，如果很早就知道可能沒禮物，我也不會狂消費搜集點數。」

看著店員無能為力做些什麼只是狂賠不是，顧客要離開前又說了一句：「你們不是第一次這樣了，都幾次了，根本問題沒有解決前就不應該再繼續做集點數換禮物的活動。」

綠色是有遠見謀策略且追求效率的顧客，相當在意整體的服務、規劃，同時也會期待未來能有更好的謀略，若是商品銷售服務，這類型的顧客不單要看眼前有無效益和服務質量，也會同時在意長遠效益如何。此外，效率更是他們所重視，他們常會檢視整個服務過程中哪些事毫無意義，哪些事應該要簡化、改善、調整。

服務人員能透過顧客的哪些言談內容得知對方為此類型顧客呢？當綠色顧客提出以下這些想法時要怎麼應對進退，才能避免顧客產生被應付的感受，輾轉降低顧客的回流、滲透以及轉介率呢？

有遠見、謀策略且追求效率的顧客常說的話類似：

「你們這些流程、服務都沒有什麼意義，只是浪費時間、資源而已。」

「這樣的服務很沒有效率。」

「我希望你們能提供一個長遠的策略和規劃。」

「整體配套方案或全面策略是什麼？」

「你們根本沒有解決到最根本的問題。」

聽出顧客在意效率問題，提出解釋後表達認同，才給予解決方案做選擇

以精簡的表述方式讓綠色顧客了解，他認爲無效率的該事件公司制度流程爲什麼如此設計，會有這些繁瑣的相關事項，是因爲公司在乎秉持什麼樣的態度（例如：品質、成本、成效、安全、衛生……等），再告知無法兩全其美下，若要加速提升服務效率，他可以有什麼樣的選擇。

例如：宅配人員配送貨物，顧客不在家電話也沒能接通，等顧客回撥電話時劈頭就說：「你們只有用打電話的方式通知到貨，有可能我們會覺得是廣告或詐騙陌生電話不接，你們可以傳個簡訊告知，現在只以電話方式相當沒有效率，相當浪費溝通和等待的時間成本。」

在回應時有些話不僅會讓綠色顧客認定你不重視他所在意的效率問題外，更會引來對你在服務回應態度上的不滿，像是：

「公司的流程規則就是這樣制定。」

「是你的行為因素（不接電話）才導致效率不佳。」

「我無法改變什麼，這是公司制定服務時的問題，跟我說也沒有用。」

讓顧客知道現行貨物抵達時以撥打電話而非簡訊通知顧客的設計，是基於什麼原因的考量（此考量要是以顧客為主，且他也極為重視的事情），並且認同顧客在效率上的感受，表示目前聯絡方式並非最有效率的，會將他的建議向公司提出，最後提出應變方法讓顧客作選擇；一個是維持原有的方式，另一是將效率提升但會增加他的困擾或他在乎的事項會有風險產生。

為什麼不一開始就先提出解決方案來滿足顧客呢？一來他會認為有更有效率的服務為什麼得等顧客提出才願意提供，另一則是我們先解說設計緣由，才提出解決方案會讓他知道替代方案雖較有效率，卻得犧牲顧客可能會更加在意的事項，進而會選擇原方案的機率較大。

綠色顧客對於他認為有意義的服務，掏錢是不手軟的，他做選擇時並不是以成本高低為首要考量依據，而是該服務是否能滿足他的基本期待，此外若你能主動做出全面性規劃，長遠性的願景思維，勢必更能得到他的青睞，因此在表達的時候務必刻意點出這個心思。

像是顧客在選擇染髮顏色時，在詢問期待的顏色後，可以透過影像合成讓顧客看到染髮後的樣子，他若是個綠色顧客，接著你務必依據專業來告訴他，根據他的髮質、現有髮色，未來新頭髮長出約三公分後將會變成什麼樣子，因此在髮色的選擇上你會有些什麼建議。

再舉個例子，常光臨店中的綠色顧客，在超商集點數活動的前期，你會以數字來讓他知道這個兌換禮物的熱門程度，並探詢他對這禮物兌換的期待高低，若屬高期待，你才需要給他二到三個可以儘速先行兌換的建議方案。

將這樣的策略思維說出，綠色顧客對你的專業認可度會大幅提升，而且他會知道你不是一個只看眼前成效，更是在意長遠和整體的服務品質和感受，有這樣的信任感後，便能將其他服務在相當自然自在的狀況下無形的提供給顧客，提高顧客在服務或產品上的滲透率。

只要不是自己擁有經營管理權的服務，體制內的制度、規定、流程、效率都非輕易可做調整改變，但能夠去了解該設計背後的緣由，在遇到綠色型顧客時，才能輕鬆的面對給予專業的回應。

出色服務溝通力認證講師經驗談

沅貴國際科技公司 & 高雄（楠梓）佳貝樂托嬰中心負責人 李介里

Colors，一個改變我人生的強大溝通和識人工具。

由於長年關注卡姊臉書，進而認識了這套工具，但都只僅於「認識」而已；直到終於在二〇二二年六月加入Colors講師實戰班，才更進一步了解它的神奇，不僅在訓練過程中驚呼連連，實際用在生活及工作上，更是讓我驚豔。尤其對不同性格的同事、朋友、客戶或是家人們，更是如虎添翼，增加了如魚得水般的功力，以往溝通不良的情形完全不再出現。

例如在熟悉Colors之前，每一次跟某交易許久的客戶交涉時，他提出的問題總讓我及團隊成員們思考許久，加上問題都屬於專業等級的，讓我們要花費很長時間準備回應資料；一旦我們提供對策，此客戶對我們的對策卻又抱持懷疑的態度，常常會詢問「爲什麼」。最常發生的情況是我報價後，客戶常會問：「爲什麼您是報這個價格？這個價格似乎不是這樣……」等等，「爲什麼」這三個字，已成爲每一次在我們提出解決方案後，客戶最常出現的質疑，當時我們只覺得這客戶怎麼這麼難處理，每一次會後元氣都大傷一次。

而在熟悉且會使用 Colors 後，完全可以從該客戶的行爲表現或是所談話語判斷出他具有「綠色性格」，所以每次在與該客戶開會前，我都會先轉換成綠色思維，揣摩他會提出以及平時我們較少想到的問題，把所有細節的問題及解答都模擬好，等雙方實際坐上會議桌。果然，我們所言完全打中綠色客戶的心，順利的將會議開完，接下來，我們與該客戶的關係也越來越近，創造許多訂單機會。

此 Colors 工具非常棒，讓我輕而易舉地解決事業上的難關、甚至與綠色家人的關係也變好了，眞的是超棒的溝通工具。

PART 5
四色顧客操作手冊
——金色

communicate

1 在乎成本、精打細算

》高分族群

顧客顯現行爲：精算服務或商品的平均成本，選擇時以價格爲唯一考量。

應對技巧：透過指標依據或價格讓顧客知道成本與價值爲何。

》低分族群

顧客顯現行爲：提出自身問題，但價格問題放最後，甚至完全沒有提及。

應對技巧：不要從價格或成本面給予說明。

你有看過顧客打開手機中的計算機，認眞的算著每一個商品的單位成本，同一品牌大小瓶裝的內容物，他們一定會精算出每毫升的費用；套裝費用則會精確的算出整體優惠了多少，挑選的準則不是外觀、需求或方便性，而是每一分錢能產生的價值是否最高。

去到全聯、家樂福你都能在貨架上的價位牌看到他們標示出每張衛生紙平均單價、洗衣粉一克多少錢；這樣的服務對在乎且以成本爲優先考量、對價格敏銳的金色顧客而言，是更加具體且有參考性。

顧客會相當在意成本通常和預算限制、財務狀況、個人價值觀、過往消費經驗等有關，一旦意識到顧客屬於該金色特質的顧客，就請別刻意對顧客強調「不能只看價格，應該是要先考量價值、成效、品質……等」，這類的語言會讓顧客感到他們關注成本的態度好似被批評，反而會引起他們在溝通感受上的反感。

金色通常是在乎成本、精打細算的顧客，在溝通過程中除了會顯現出精準計算的行爲外，哪些話他們時常會掛在嘴邊？當他們對於服務或產品開口嫌貴、求降價、要贈品時，該如何溝通應對才能讓他們感到滿意，同時還能產生忠誠度和滲透率？

將成本作爲優先考量的金色顧客常說的話：

「這個服務、產品、價格太貴了。」

「這個價格超出了我的預算，能夠再低一點嗎？」

「別家的服務產品都沒有這麼貴，我要再考慮一下。」

「有沒有更便宜的選項，或提供贈品、加贈方案、服務。」

被嫌好貴時：提供比較的指標讓顧客自行精打細算

聽到金色顧客喊太貴時，不要撇清說其實並不貴，也別回應「羊毛出在羊身上」、「一分錢一分貨」這類陳腔濫調的話，這樣的回話不夠具體明確，無法讓顧客理解產品或服務爲什麼如此設定價格，顧客不會因這些話而秒懂其價値所在。

因此在顧客提出價格太貴時，直接大方承認確實價格、成本高的事實，但不要一一精算解釋給顧客聽，而是讓顧客知道當他和其他產業、產品、服務在做比較時，能用哪些指標去做評估和衡量。

有次我去聽旅行社辦的肯亞旅遊分享會，該旅行社十天團費高達二十五萬，一位顧客當場提問：「坊間其他旅行社開出的價格可能一半不到，爲什麼你們的旅程要這麼貴？」這顧客明顯的已有做過多家價格的比較才前來，而且相當在乎價格與價值之間的關聯。

那天聽到的回覆太適合在乎成本的金色顧客，因爲他這樣回覆：「我們確實高很多，建議您可以再次從飯店位置、旅遊路線、交通工具方式和搭乘人數這四個點去做評估比較，再選擇比較適合您的旅行團參加。」

不否認和反駁更不急著澄清顧客提出的價格疑慮，而是以專業的建議提出比較衡量點，讓顧客能自己去比較、計算出價值所在，他說服自己比你用數字來說服他還更容易。

被求降價時：運用拖延方式，讓有形損失得到無形的價值

多數顧客在要成交前都會試著習慣性的開口詢問能否有些折扣價格，當你知道毫無可能滿足該期待時，明講回應無法給予折扣即可，千萬別用拖延方式跟顧客這樣說：「我來去幫您爭取看看。」因爲顧客容易在聽到這句話後建立起期望，當最終無法給予折扣時，顧客感到失望、不滿，甚至信任度受損。

不過當你有把握能給予顧客折扣優惠時，別立刻回應承諾，避免該服務價值感在顧客心中立刻下降，反而運用拖延方式和顧客說：「給我點時間，我來去幫您爭取。」建立起顧客對降價的期待後才將優惠釋出，金色性格的顧客會肯定你爲他的付出，會有助於提升顧客對價格的滿意度和忠誠度。

舉例：顧客下個月生日消費能有五折優惠，但他詢問能否在這個月先行使用該優惠來做消費，若你知道這是可行的，請務必跟顧客說：「提早使用生日優惠我沒有經手過，不然這樣，您給我三分鐘，我來去跟店長爭取。」再次回覆顧客

時你要這樣說：「原則上優惠券得當月使用，不過我極力和店長爭取，也表示出您對產品的喜愛程度，店長算是破例答應，就麻煩您別讓其他人知道。」

給了顧客優惠或折扣勢必損失有形的利益，就應該運用拖延方式從顧客那獲取無形的價值，達成雙贏效果。

顧客要贈品時：把價值精算出，且讓顧客知道

當顧客提出是否能贈送額外的商品或服務，像是：試用包、相關配備、保固延長、月租置物櫃、檢驗測試……等，首先要先建立一個正確的思維，這些額外的商品或服務對顧客來說是免費的，但對公司的營運來說是需要成本，因此當金色顧客提出贈品要求時，請務必讓他知道該服務或贈品的價格爲何，讓顧客知道公司所額外付出的成本，進而強化顧客對其價值的認知，才有機會換取得顧客的滿意度和忠誠度。

顧客到店裡配隱形眼鏡後開口問說：「能不能提供我兩副日拋型的隱形眼鏡。」別只答應說「好」，還要順勢補充說：「我這邊拿兩副多焦讓您先戴著用，我們在開架上也有這個商品，單眼售價四十元，如果您用得習慣，下次若在外臨時有急需，可以去藥妝店採購。」

一方面讓顧客知道該贈品價值所在，另一方面也能有機會讓顧客進行體驗，當顧客喜歡試用該產品或服務後，則有可能在下次購買時考慮這款服務或商品，進而增加了產品的滲透率，促進銷售。

在意成本的顧客價格是他首要依據，因此在服務、溝通互動過程中和他談錢、談成本、聊CP值（性價比），這即是投其所好、適時換檔。

2 行事謹慎、在乎風險甚於機會

高分族群

顧客顯現行爲：對於改變會先排斥和抗拒，面對新事物擔心風險或不可掌控，因此接受度不高。

應對技巧：千萬別告訴他「不要擔心」，早一步說出他潛在的不安擔憂或風險所在，才提出後續的配套方案或機會面。

低分族群

顧客顯現行爲：對於機會、新嘗試總是興趣滿滿，即使知道風險所在也較無所謂。

應對技巧：表示肯定且給予支持，告知、不隱瞞風險爲何。

做企業培訓講師這工作，我們和顧客的互動分爲兩階段，這兩階段對象、需求和期待都不一樣，第一階段的顧客大多是人力資源部門的教育訓練承辦人員，他們能決定我是否有機會為該企業做培訓服務，有了合作才會與主要顧客學員們交流互動，學員們在課程中的參與度、課後滿意度與學習成效，這些指標的高低決定了我在該企業的培訓課程是否會產生回流和滲透的機會。

每次課程前的聚焦訪談，承辦人員總是會提出：「卡姊，我們公司的學員很悶，上課也都不愛互動，妳可能要先有心理準備，他們的互動可能無法如妳所預期的高。」早期被問到這問題時，我總是相當有自信地回說：「這你不用擔心。」這句話一說出，承辦人員就會拿起課綱看著每個單元，開始細問我會分別用什麼方法讓他們參與和互動。

他這麼問不是不相信我，而是因為非常在意學員的參與、互動和投入度，為了確保學員當日保有最佳狀態，在我解說課程設計與教學手法後，承辦人員會根據過去其他講師的經驗，來認可我的方法，有時也會給予我一些更加有把握能驅動學員們的手法設計建議。

承辦人員在每一步驟細節和做決定都謹慎行事，會在事前先做過一次沙盤推演，遇到和過去不一樣的方式、步驟或流程時，不會立刻就接受嘗試，而是會先評估可行性、成功機率、可能會遇到的問題困難點，這些特質都是金色性格中行事謹慎、在乎風險甚於機會的溝通風格與樣貌。

怎麼透過言行舉止觀察出顧客具備有金色的謹慎和在乎風險特質？哪些話會讓他們在服務過程中有不安的感受？和顧客在溝通互動中如何表述，才能讓他們很放心不擔心？

行事謹慎、在乎風險的金色顧客常會出現的話語像是：

「這會有風險吧！風險太高了。」

「以前的方法、產品、流程……就很好，爲什麼要改成現在這個樣子。」

「這完全都不會有意外嗎？」

「我需要時間再研究和評估，才能下決定。」

服務過程中當聽到金色顧客話語中有擔憂風險的句子出現時，千萬別直接回應顧客說出「不用擔心」、「不用猶豫評估，不然會後悔」、「這沒有風險的」、「這眞的是個很好的機會、產品、服務……」，這些字句會使得金色顧客感到更加不安，而且會認爲你低估了風險的可能性，也同時認爲你忽視他們做事謹愼的態度。

因此當在乎風險謹愼行事的金色顧客因爲風險過高感到擔憂、習慣舊有模式不想改變時，分別要怎麼因應呢？

風險過高感到擔憂：先同理感受、才提配套措施

當顧客表明對於服務或產品有所擔憂時，要先認同他的感受，其實金色顧客並非是感受型的性格，而是你若說「不用擔心」、「這沒什麼風險時」，會讓顧客認爲你忽視他的擔憂且未能從他的視角思維，漠不關心風險所在。所以，先同理他對於風險的擔憂，表示這是一個相當正常的感受，再接著說明採取了哪些措

施來減少可能的風險。

有天我去到銀行在排隊等待時，看到一位阿姨被請進ＶＩＰ室內，門沒關加上顧客和行員聲音都不小，在外面我就清楚的聽到行員對著阿姨說：「這方案相對沒什麼風險啦！再怎麼樣應該都還是比你存在銀行的利息高，除非台幣真的貶值到低點。」這位金色阿姨緊張的立刻說：「所以還是有風險，台幣升值還是貶值沒能保證的。」

我聽著行員努力地從機會點一直進攻說服，而金色阿姨則是從風險面不停地抵抗。其實行員聽到顧客擔憂風險時可以這樣說：

先同理感受：「我完全理解您對風險的擔憂，尤其在金融市場如此不確定的情況下，就像您說的，誰都沒能保證哪個投資方法是完全沒風險的。」

才提配套措施：「關於風險的考量我這有兩個建議您聽聽看；將這筆錢再做一次分散投資，另外我們可以每半年做一次市場動向的監控和調整，從過去和長期的投資效益來看，美金定存都是相當穩定和可靠的投資。」

面臨改變害怕不適：先一步說出風險所在、才談好處爲何

在服務業求新、求快、求變的腳步下，常常得推陳出新，但越忠實的金色型顧客因爲偏好穩定和熟悉的事物，常常成了最不想改變的人，任何改變他都會認爲有風險產生的機會；舉凡系統功能新增、服務流程更改、服務方式變更、舊產品終止新品的替代……等都有。當你能先說出改變會遇到的風險分別有哪些時，金色顧客會感受到你尊重他們的利益和需求，另一好處是降低他們對於改變後的期望值，等待他們體驗後，對於新服務的滿意度就較爲容易達成。

舉個例子，瑜珈課程預約系統。從過去該課程十二小時前都可以取消預約，改變成課程前一天晚上八點後就不能取消，即使對著金色顧客一直強調改變後對他有好處他也難以接受，因爲他一心只掛念著改變後對他可能的影響。因此如果你要說服他改變，可以分段這樣表述：

先一步說出風險所在：「預約方式的改變確實會影響到您在時間規劃上的彈

性，如果您臨時有狀況或不舒服將無法取消預約，這勢必會給您帶來一些不便。」

才談好處爲何：「不過前一天晚上八點之後不能再取消預約課程的這個新規定，是無論隔天幾點的課，都能讓您在前一晚九點就能知道該課程是否有順利開成，您能更加妥善的安排隔日行程，無須像以前都得等到上課前十小時才能知道。」

其實金色顧客不是不能冒險也並非不能接受改變，而是你得先同理他的擔憂說出他在意的風險，讓忠實度高、在意風險、做事謹慎的金色顧客知道，在改變方案上或改變任何舊有事物時你都有想到他們的內在恐懼，這些滿意度不但能持續保有回流和滲透率，此新嘗試倘若他感到滿意後，還會自然帶來轉介率。顧客也會覺得你很神，竟然有讀心術，能早一步說出他們潛在在意的擔憂。

3 時間觀、凡事事先計畫

高分族群

顧客顯現行爲：總是比預約時間提早出現，對於需要或約定的時間相當在意，被耽擱或延誤時間會表示出不滿。

應對技巧：預留緩衝時間後再承諾，提早告知時間將被延誤。

低分族群

顧客顯現行爲：經常遲到、延遲、取消行程，事情回應也比較不及時。

應對技巧：在時間點上給予提醒或追蹤。

「等待時間過久」是顧客抱怨項目排行榜上的首位，像是：排隊等待時間太長、時間難預約、約定好的時間卻未能如期完成或送達……等，其實不管什麼顏色性格的顧客都不喜歡浪費時間等待，不過在時間上是否能讓金色顧客感到滿意這件事極爲重要，因爲「如期和準時」是取得金色顧客信任感的關鍵要素，而且若有過無法遵守約定好的時間，未來所有針對時間的事件他都會帶著疑心。

一次搭乘高鐵剛好遇到了事故，導致乘客們得等待接駁車來接送，一位旅客過去問了站務人員：「接駁車什麼時候會到？」站務員回他說：「再等一下就到了。」旅客繼續追問：「能讓我知道要幾分鐘嗎？」由於這並非是常態，站務員一時也回答不上來。

旅客繼續說著：「我得知道要多久，才能知道我之後的行程要怎麼做更動，需要十分鐘的時間嗎？」站務員說：「如果沒有塞車應該是不用，但現在不知道是不是有塞車。」旅客大概知道自己問不出個所以然，說了聲謝謝後，急著打了一通又一通的電話調整之後幾個行程的時間。

這是非常典型具備凡事預先計畫、精準掌控時間的金色顧客，遇到有該特質的顧客不難發現，他的言談中就會透露出哪些是他常說的話。當你知道他有該特質在服務過程中遇到關於時間這個話題時，有哪些技巧可以善加應用，即能讓他對你的信任感大幅提升。

具備時間觀，凡事都要事先一一計畫的金色顧客常說的話像是：

「我需要知道時間，才能事先安排。」

「你怎麼沒有先讓我知道時間要調整了，這樣我後面行程怎麼辦。」

「你們說好的時間，卻沒能照時間來，這造成我很大的麻煩。」

他們喜歡照著既定的時間和計畫行事，不喜歡臨時被更改時間，也非常不能接受被延誤時間，讓時間都能在掌控中才會讓他們感到安心不慌張，因為他們一慌張做事就容易出錯。所以在給予時間承諾時也要將緩衝時間估算進去，當時間延誤耽擱了需調整，早一步提前告知才是最佳解。

算好緩衝時間再承諾

人在估算時間時往往都容易低估了所需要耗費的時間，去保養車子說好的交車時間、設計師說染燙需要的時間、問餐廳出菜的時間，十次有九次都遠遠超過說好的時間，金色顧客在延遲時間這件事情上相當在意，即使只是短短的一分鐘可能也都會耐不住，因爲這有可能會耽誤他之後安排好的行程。

所以當你需要預估時間告知金色顧客時，除了原有需要的作業等待時間外，請務必將緩衝時間也估算進去。緩衝時間有兩個功能，一個是當遇到意外無法準時交付時，原本多預估的緩衝時間可以拿來應用，也不會讓顧客覺得超時了；另一個則是相當順利的無需用到緩衝時間，當服務顧客時得刻意點出「提早」，這會讓金色顧客超乎原本的預期，容易提升滿意和忠誠度。

舉個例子：保養車子預估需要兩個小時後才能交車，加入緩衝時間後建議這樣告知顧客：「今天做五萬公里的保養，需要兩個半小時，您可以在我們的大廳喝杯咖啡等待。」要和顧客點交車時可以先刻意這樣說：「今天我們抓緊時間用兩個小時幫您做好保養，最後再花您五分鐘時間來說明一下今天保養車子的狀況。」

如果沒有刻意說是自己幫忙加速讓時間不用這麼久的，金色顧客可能會質疑是不是根本就不需要這麼久時間，甚至怪你沒能給他準確的時間。

會延誤務必提早告知，讓顧客能再次選擇安排時間

有些時候事情總會被耽擱延誤，顧客當然不會喜歡發生這樣的事，金色顧客尤其如此，因爲這會打亂和影響他之後的時間安排和計畫，與其等時間延遲了才說抱歉，或是顧客提出了不滿才賠不是，倒不如在知道可能會延遲前就提早先和顧客賠不是，同時主動且明確的說出需要延遲多久的時間，也或者什麼時候能提供服務，最好的做法是還能給予顧客安排新時間的選項。

像是B顧客已經預約兩點按摩，前一位顧客A將晚到十分鐘，導致B顧客時間勢必會受到影響，在知道A未能準時抵達時，就可以先告知B顧客他原本預定的時間會有些影響。

可以這樣表示：「原本和您預約下午兩點，由於前一位顧客會晚二十分鐘到來，我特地先跟您說聲讓您好安排時間，根據目前的狀況我無法在二點準時爲您按摩，您看方便將今天的時間改到兩點二十分嗎？或者如果希望安排新的時間，我這邊也能立刻來爲您做調整。」

這樣的表示會讓金色顧客感受到時間備受尊重，讓他有足夠的時間去調整自己的計畫。

如果你所提供的服務是需要預約的，每次在開放顧客新的預約時間前，可以給重視時間金色特質的VIP顧客一個他專屬的服務福利，主動告知新釋出的時間，讓他優先於其他顧客先挑選，而且一定得刻意讓他知道這福利不是人人有，而是因爲他是你的VIP顧客。

4 重視倫理、傳統價值觀

≫高分族群

顧客顯現行爲：在乎稱謂，介紹時會說出自己的頭銜，對舊有傳統或習俗相當遵循並且信奉，對於反傳統的新事物相當抗拒。

應對技巧：正式的稱呼，不評論顧客守舊傳統的觀點，能善用「家庭」來推動反傳統的相關事務。

≫低分族群

顧客顯現行爲：思想和行爲上總是顚覆傳統思維。

應對技巧：不以異樣眼光看待，有新服務方案能優先邀請嘗試。

有一天去到年輕人經營的早餐店吃早餐，看到一位來買早餐給孩子吃的媽媽，手裡提著大包小包，老闆娘就問了她說：「今天怎麼買的特別多。」媽媽回說：「今天是我婆婆的忌日。」老闆娘就順勢地聊了起來說：「我現在祭祖都是買麥當勞，有雞、有豬還有魚，不用煮也不會有剩菜問題。」

那位媽媽立刻反駁說：「你們年輕人這樣不行啦！我還看到市場賣三牲果凍，如果沒有這心意，倒不如就不要拜了。」老闆娘接著說：「其實人都死了也不知道到底拜給誰看和給誰吃的，還不如生前好好的一起多吃幾頓飯……。」

老闆娘越說越帶勁，而那位媽媽則是像被激怒了般的臉越來越沉，偶爾搖搖頭，最後那位媽媽拿到早餐後說了句：「你們這樣對待死去的父母，以後孩子也不會對你們孝順的。」

重視親情和家庭、對於傳統的價值觀有著很深的尊重和執著，並且會嚴肅對待這些議題，若有感受到不舒服之處會說出讓對方知道，這都是金色性格中重視倫理、傳統價值觀的顧客。

若你和顧客之間會有較長時間能進行思維觀點上的交流互動，務必特別加以留意有該特質的顧客，他們會展現行爲和話語是什麼，避免未能辨識出他們，誤踩了他們的雷區，讓顧客留下了不佳的印象，尤其是還不熟悉的顧客，和他們在互動上掌握住三個原則，就能讓他們感受到備受尊重。

重視倫理、傳統價值觀金色顧客除了外表裝扮上整潔得體，說話時會表現出尊重和禮貌，在稱呼上會使用你在職務上相對應的稱呼，並且頻繁使用敬語，此外這些對話也會常出現在他們的互動中：

「這不太合乎傳統、觀感吧！」

「這些習俗你別不相信。」

「這想法太新穎，我實在無法接受。」

原則一：尊稱上對照工作職務或地位，不要過於親暱

金色顧客對於如何被稱呼一事，和其他顏色顧客相比是更加在乎，若是對著

他們叫美女、帥哥，他們會認爲你缺乏尊重，因爲這樣的稱呼不夠正式；稱呼哥、姐、阿姨除了會有年齡被過度強調外，金色顧客會認爲這些稱呼不夠正式，並且可能降低他們在社會中的地位和權威。

因此建議以傳統稱呼：姓加上小姐、女士、太太、媽媽、先生來尊稱最爲保險，若知道他的工作也或者是在公司裡的職稱，更會讓他們感到自在且習慣。像是：黃老師、陳醫師、莊小姐、許經理……等。和先生一起出席的女士你則能以先生的姓來稱呼她某太太，和她孩子有關的服務則能以孩子的名字某某媽媽或孩子的姓某媽媽來稱呼。

更加保險的方式是在第一次和金色顧客交流時直接詢問：「請問您希望我們怎麼稱呼您？」得知後務必將該顧客的稱呼記錄在顧客資料庫中，避免忘了對方如何稱呼。

原則二：言談中不評論顧客所認定、尊崇的觀點

有人會用老古板來形容金色顧客的思維和觀點，或許朋友之間能和他去辯論、評價那些傳統或固有的觀點，然而是顧客服務關係時無需刻意強化出與對方觀點的不同，反而要嘗試尋找與金色顧客共通的價值觀，來建立共鳴和連結。

若你完全無法苟同舊有傳統的習俗、思維，傾聽顧客所言但保持中立不表態，也不失是一種應對金色顧客的方式。記住，無需和顧客爭輸贏，無論誰輸誰贏此次被服務的感受都難以感到滿意，這不佳的印象甚至會延伸到未來的服務上。

當顧客的觀點和專業服務有所相牴觸時，面對金色顧客的應對模式建議先表示理解和尊重，再提出你的論點，最後讓顧客自行做選擇。

例如：金色顧客認爲日語學習就該和過去的語文學習順序一樣，先從五十音學起接著再學習單字詞彙，但你的教法不同時，你能依序這樣說：

表示理解和尊重：「我理解您認爲學日語得從五十音學起是一個傳統的好方法，在過去我們都是這樣學習第二外語的。」

提出你的論點：「我想和您分享我這十五年教學的專業觀點，如果先學會一些單字詞彙能幫助學習者建立起對語言的興趣和動機，進而更有效地學習。就像小孩子學會說話後，再逐步學習注音符號一樣，這種順序能夠更符合學習的自然過程。」

讓顧客自行做選擇：「當然，最終的決定還是取決於您自己。您可以考慮一下不同的學習方式，選擇最適合您的方法，我會尊重也支持您的決定。」

原則三：掌握不愛挑戰傳統，重視習俗以家爲重的特質來做變化

金色顧客遵循習俗、禮儀且保守，面對顚覆傳統的新事物會採取抗拒應對，所以當有新服務、新科技或新產品時，他們不會是最早期的接納者，像是：虛擬收藏品、日租伴侶、線上追思、紙本轉電子式產品……等，因此別將他們設定爲早期提供服務的對象。不過仍然能透過談話閒聊的方式，將該服務或產品資訊以其他顧客使用後的感受與他分享。

雖然金色顧客不會是創新事物早期的接受者，但我們能善用它重視家庭這個特質，將反傳統創新與重視家庭價值聯繫起來，提供符合家庭需求和期望的方案，強調新服務對家人之間的影響，或者鼓勵他與家人一起使用、共享，當然若能因應顧客家人喜好而有些客製化的設計，這些都容易讓原本對顚覆傳統創新無感的金色顧客，感受到新事物與家庭生活密切相關，有機會大幅提高顧客的接受度。

了解在乎倫理、重視傳統的金色顧客什麼能談、什麼不想討論，當產生和他固守的舊觀點立場不一致時，試著表示出理解或找出共鳴點，善用以家爲重的性格來做些因應調整，金色顧客少有灰色地帶反而是相對好捉摸應對的。

5 遵循規則、秩序和流程

≫高分族群

顧客顯現行爲：尋求明確的準則、規則，堅持所有人都得遵循制度和程序。

應對技巧：清晰溝通規則、流程和步驟，並且嚴守該程序且保有一致性。

≫低分族群

顧客顯現行爲：老要求破例行事，不照流程規則來。

應對技巧：提高顧客需要多付出的條件，才答應滿足顧客的破例需求。

疫情期間口罩、酒精之荒時，在我家附近一家藥局，每次去時總會遇到顧客在店裡和老闆爭執不下，或是聽到他們跟老闆抱怨，像是：

「不是說要親自排隊才能購買，我前面那位奶奶是快要排到她了才打電話叫女兒來排隊，這樣下次大家是不是都這樣，那就不用限定要親自排隊啦。」

「老闆你們之前有先發號碼牌，現在卻不發了，排隊方式一直變來變去，完全不知道要遵循什麼樣的規則。」

大概老闆也被吵到煩了，在門口張貼兩張海報紙，一張清楚的寫著購買的五個流程和需要準備的證件、錢，另一張則是相關細節和規定，後來那群人不再吵了，但仍會看到有一些人小小聲的要老闆讓他們破例。

服務顧客真不是簡單的事，不管怎麼做永遠無法滿足所有人，那些期待在服務中能夠清楚知道規則、細節、流程，希望一切能井然有序進行的顧客，他們就是有著金色中遵循規則、秩序和流程的特質；而那些老要破例行事的顧客，在這個性格特質上則是相當低。

如此在乎規則、細節、流程的金色顧客，他們在互動中常說的話會是什麼？

其實有此性格的顧客是最好溝通應對和服務管理，只是得知道在服務過程中有哪些事情得加以留意，避免讓他們感到無所適從，而演變成客訴或抱怨案件。

遵循規則、秩序和流程的金色顧客會說類似這樣的話：

「可以讓我清楚知道你們的規則、步驟、流程嗎？」

「按照規定，我應要怎麼做？我需要給什麼資料？」

「你們就是應該要照之前說好的時間、方式和規格。」

「你們流程亂七八糟，完全看不懂要怎麼做。」

「能讓我知道現在到哪個步驟了嗎？」

金色顧客是一個只要能清楚說明表示出規則、流程、步驟和細節主動提供讓他知道，他就會依照規定去與你互動的人，金色顧客喜歡這樣的服務模式，當你未能主動提供這些資訊時，他也會一一向你追問出他要知道的訊息，因此與其溝通交流時把這些資訊準備好，是他在接受服務時最基本的需求。

下列三種狀況會讓在乎規則、秩序和流程的金色顧客，在服務旅程中感到不舒服，甚至引來極度不滿的狀態。

資訊缺失或不完整，導致顧客的疏失或損失

有一次我在百貨公司的專櫃遇到一位顧客在跟店員據理力爭，他一直說著：「你當時只有說回去可以試穿，如果不喜歡黑色，七天內都能拿來換成白色的，我很確定你是這樣說的。」店員也一直重複著說：「我們是可以試穿和換色沒錯，但不能弄髒鞋子和鞋底，您已經穿出門去了，就不能再做更換。」

這對話循環有五次以上，顧客堅持是店員沒有說清楚換鞋的規定，而店員認爲是顧客自己誤解了試穿的定義。

遇到金色顧客因爲服務上給予資訊不完整、不正確，而提出了不符合公司規定的訴求時，千萬別急著要澄清或解釋自己沒有說錯，也不要直指是顧客自己沒有聽清楚搞明白，更不要輕易就脫口說出「依照規定所以不能」，這麼做都不會讓金色顧客認可，反而會更生氣。

店員可以試著這樣說：「我很抱歉之前在說明換鞋資訊時，沒有特別解釋試穿是指在室內且能保持鞋底乾淨狀態，依照規定是允許七天內換貨，但前提是鞋子必須保持原狀，雖然無法爲您換鞋，但讓我提供幾個補償方案讓您做選擇。」

因此當我們所提供的資訊缺失或不完整，而導致顧客有所疏失或損失時，先表達對顧客的理解和歉意，才能接著提出規定政策，緊接著提供能解決顧客問題的建議或補救措施。

不同的接待人員，提供的規則、流程、步驟沒有一致

上課學員們跟我分享無論在超商、銀行、門市、專櫃、窗口服務時很常聽到的一句話：「我上次來你們另一位服務的人員就可以，爲什麼就你不行。」若是金色人提出這樣的反饋，他其實在反應的底層問題是：爲什麼服務人員不一樣

時，規則標準就不一樣，這會對他在做事情或決策上造成很大的困擾。

遇到這樣狀況時最怕的也是想爲自己辯解，只想讓顧客知道不是自己有問題，而是前一位服務者的不一致，在金色顧客的服務體驗中他認定的不是誰服務他，而是哪家公司、哪個品牌。

建議這樣說會更好：「我們很抱歉，前後資訊不一致造成了您的麻煩和困擾，這部分我們會再加強服務，也向您說明不同服務人員會因爲風格、經驗有些許服務感受上的差異，關於規則和制度能否讓我用三分鐘來向您說明……。未來我們會努力確保所有的服務都遵循相同的標準和規則。」

所以先針對造成顧客的困擾給予理解和賠不是，依據顧客的反應能適當且簡短的解釋服務人員間會有的差異性存在，再告知制定的規範準則，並給予未來服務上一致性的承諾。

知道其他顧客不合乎準則卻能享有一樣的服務

以前在服務業時同仁們最怕遇到給某位顧客在流程或規定外的特別通融後，另一位顧客得知此事時就會前來客訴「不公平對待」，金色顧客尤其在乎這件事，因此我們常跟同仁說不要給太多例外，也不要相信顧客會爲你保守你給予的例外，不然最後苦的會是自己。

當金色顧客前來討不是時，請別在一開始就否認顧客的認知，說出「您可能誤解了」、「不是這樣的」的話，而是大方承認你確實給了那位顧客例外，且接著說明是基於什麼原因和條件，既能表明出公司對於個別情況的理解和彈性，又能顯示出對顧客需求的尊重和關注。

遵循規則、秩序和流程的金色顧客，當他因爲上述三種狀況來提出異議時，不要辯解、誠實爲上策，針對感受認同理解、賠不是，並且清楚敘述完整的規則或依據爲何，他們就能對這些狀態釋懷。

6 是非觀念、有責任感且信守承諾

≫高分族群

顧客顯現行爲：對不道德或不誠實的事會表示出反感抗拒，會一再確認承諾的履行度。

應對技巧：遊走在規則、道德、誠信邊緣的事別找他，承諾就一定要做到，不能做到時得同時滿足立場和感覺需求。

≫低分族群

顧客顯現行爲：做事看便利性和效果較不在乎過程，看待承諾有彈性可調整。

應對技巧：靈活應變展現彈性，根據情況調整承諾。

現在顧客在挑選新店家做體驗時，都會先看這家店的Google 評論得幾分、評論如何，店家們也會用各種方式讓顧客為該趟服務感受留下好評，曾經和朋友去一家按摩店按摩，當天我們對於師傅的手法體驗感受都很好，唯一美中不足的是我們隔壁的師傅和他的顧客一直聊天沒有停過。

當我們結帳時櫃檯收銀人員邀請我們在 Google 打卡評論，會致贈我們一張下次可以使用的五百元折價券，我們拿出手機時服務人員說了句：「要幫我們留五顆星喔！」

一旁友人聽到這句話時就說：「一定要給五顆，才能領到折價券嗎?!」服務人員很有意識的立刻問我們說：「今天是不是有哪裡需要我們再加強的地方。」可能只有我知道朋友她在意的點根本不是今天滿不滿意，而是她認為這樣的機制是一種無論顧客眞實感受為何，都要半逼迫顧客給出五顆星評價的行為。

最後，可想而知我的朋友沒有當場給予評論，而我拿到了一張五百元折價券。走出店門口，我朋友就對著我說：「我就是不會為了折價券而出賣自己眞實的感受，而且大家都這樣接受收買，以後怎麼有辦法參考 Google 的評價來做選擇依據。」我趕緊回說：「我是眞的覺得師傅很好給五顆星。」

我朋友的應對反應就是金色性格中，在乎是非觀念且具有責任感特質的顧客，通常這類型的顧客不輕易給出承諾，但只要給予承諾絕對遵守，反之他在服務上的要求也會是如此。他們常說的話會是什麼？服務過程中又有哪些狀態會是有金色特質顧客會感受到不滿意，該如何應對會更佳呢？

是非觀念強、有責任感且信守承諾金色特質顧客常說的話像是：

「這樣做是違反道德（隱私／誠信），這個我不行。」

「你這是最完整的資訊嗎？沒有任何隱瞞或模糊灰色地帶。」

「能夠擔保所有承諾都會做到且完成嗎？」

鋌而走險、遊走規則邊緣的事，別要金色顧客做

顧客服務工作除了要滿足顧客需求期待外，也要能達成公司給予的業績目標，有時我們得想方設法遊走在規則或法律邊緣，說服顧客來協助我們完成業績成效或目標。顧客群中金色顧客具備誠實、不愛欺騙的特質，道德標準極高，這樣顧客在外顯的表情和講話都非常正經，聽你開玩笑時也會當眞甚至認眞過度，有這些特質的顧客，會建議千萬別勞動他們配合、要他們跨越灰色地帶，以免未能成功還會失去該顧客，甚至釀成大禍。

例如：提供造假資訊註冊申請會員、要求造假收入證明協助取得更高貸款、欺瞞身體狀況投保、謊稱節日慶生訂位訂房、使用其他顧客VIP卡給予折扣、先大量進貨次月再退貨……這些造假、不實或欺瞞的行爲，是非觀念強烈的金色顧客一聽到多數會立刻回絕。

這是因爲高度道德標準和誠實價値觀下，他們認爲這樣的行爲是不正當的，有可能會違反道德準則，也可能對其他人造成損害或不公平，他們認爲這是不正當手法，此外他們也會擔心若事跡敗露時，自身的形象會受損甚至可能得付上相關責任，因此不輕易受到誘惑還會果斷的拒絕。

承諾未能兌現，負責滿足立場需求與感受需求

對金色顧客說過的任何一句話，他都會謹記著，無論是他做出過的承諾，也或者服務過程中對他做過的承諾，都相當認眞以待，這和他們性格中的責任感有關，若無法確實履行會讓他深感困擾，以及破壞信任和好感。

有一回在飛機上，一位金色顧客跟空姐要了一副耳機，空姐跟他說等送完餐再拿給他，不過等到空姐已經推出餐車準備要收餐盤，還是沒有將耳機送來，他起身直接跑去找了那位答應他的空姐說：「小姐，妳記得剛剛說過送完餐後，就要給我耳機，已經送完餐十五分鐘，妳是不是忘了這件事？」

空姐連忙賠不是，立刻放著餐車去拿耳機並且送到座位上，金色顧客接過耳機後又說：「妳根本不是忙，我看妳還在和其他乘客聊天，妳是完全沒放在心上忘記了吧！」

有責任感信守承諾的金色顧向來是言出必行，不但如此要求自己，對待他人

標準也一樣嚴格，所以要給予金色顧客任何承諾前請確定能做到才說，承諾後若無法做到，當他追究的時候，勇於承認錯誤絕對會比找藉口或推託來得好，雖然最後未能如約定做到，但至少會認可你是一位負責任的人。

那天空姐危機處理得相當好，立刻承認錯誤，並且謝謝顧客的提醒，也告知下次不再相信自己的記憶力，會立刻記在隨身帶的工作提醒便條貼上。之後在飛機準備要降落前，當那位空姐來巡安全帶椅背時，還拿了自己在日本買的一個小禮物送給這位顧客，同時再次賠不是，最後換成這位金色顧客下飛機前，在機艙門口跟那位空姐鞠躬說「謝謝，辛苦了」。

倘若你未能履行承諾，除了鄭重道歉賠不是外，即使非你個人因素或失誤導致，請務必扛起責任協助提出補救措施或解決方案，這對金色顧客而言是基本的期待。金色顧客雖是無功不受祿型的人，但他內在對感受性需求也會期待得到補償，若你期待顧客不滿意的感受有所調整，要能主動給予足以提供的補償來提升顧客潛在的「感受需求補償」，這才是他認為最完整的負責。

出色服務溝通力認證講師經驗談
前連鎖餐飲業區經理 鄭金冠

自小便在餐飲服務業，至今已有將近三十年的時間。能長期的在餐飲服務業，除了工作內容有趣、可以與夥伴們團隊合作一起共享成果之外，更重要的是，每天得面對不一樣的客人、照顧顧客的需求，而讓客人吃得滿意盡興留下良好印象，更是我每一天動力的來源以及成就感之一，這也是我能夠堅持走下去的原因。

顧客有千百種，行走在江湖許久的我，面對顧客算是游刃有餘，但有一類的客人我總是無法眞正好好的滿足他們的需求，例如A：「我的帳單幫我分五筆，我要換來店禮。」B：「套餐跟單點算起來只有九五折，其他優惠還不能併用，這樣哪有優惠？」每當遇到類這樣的客人，總是會覺得麻煩而失去臉上的笑容，更想不通這些客人爲什麼要這樣……。

直到上了卡姊的「出色溝通力」課程，了解到四色人格的特質與差異，才理解我最無法駕馭的客人，就是我最弱的顏色——金色，更了解他們重視高CP質。於是再遇到這樣的客人，我也主動提供優惠訊息，協助顧客找到最划算方案，從此本來沒辦法搞定的顧客，也都能從我身上得到滿意的服務。

溝通，是希望彼此達到共識共同完成目標的一個過程，當學習了「出色溝通力」這套工具，便能更準確的判別顧客的特質，用適合顧客的溝通方式，提供顧客更好的體驗，達到雙贏的結果。

PART 6
四色顧客操作手冊
──橘色

communicate

1 使命必達、看機會多於風險

高分族群

顧客顯現行爲：當他提到成功機會你卻只談風險時會顯出不悅。對於他期待要有的服務，會用各種方式來說服你。

應對技巧：讓他有被認同的感受。即使沒有成功的機會，也別說不可能，而是展現出想和他一起使命必達的精神。

低分族群

顧客顯現行爲：當你未能應許他的需求，但解釋了原因或原則時，他就不會再堅持該需求。對於未曾碰過的事物，一定會先檢視風險所在。

應對技巧：將此事件記錄下來，未來能做到時再通知他。敘述會有哪些風險以及可因應備案，讓他放心後，才去說明機會點。

有次在水餃店遇到一位小姐，一直拜託老闆先單煮一顆水餃賣給她，只因爲她一直跟身旁的朋友說：「這家店的水餃是全台灣最好吃的水餃，你一定要吃吃看，跟你保證好吃又特別。」一邊說一邊鼓吹身旁朋友帶一包回家。

朋友問老闆有什麼口味，老闆說：「我們只有一種，是韭菜。」

朋友一聽立刻婉轉的回應說：「我不敢吃韭菜，妳買就好了。」

那小姐不放棄繼續對著朋友說：「老闆沒說，我吃了這麼多年都不知道有韭菜，我一直以爲就是包肉而已，他們的韭菜眞的完全吃不出來。」

接著那小姐轉向老闆問：「老闆，他不相信你們的水餃很好吃，你可以先賣我一顆水餃，他吃了一定也會買一包回去。」

老闆第一次遇到這樣的顧客，回說：「沒有啦！一顆是要怎麼煮。」

下一秒，那位小姐已經進到廚房硬是纏著老闆娘要買一顆煮熟的水餃。

你遇過這樣堅持到底、使命必達行的顧客嗎？這樣的性格特質行爲是橘色顧客特有的標籤，而且也只有橘色顧客可以完全不在意任何人眼光和感受，爲了要達成某個目標，例如買到限量包、專屬空間、特有折扣價、已額滿的預約、菜單上沒有的料理……等，他們會用盡各種方式竭盡全力的一試。

橘色顧客是使命必達、目標導向型的顧客，你也能明顯感受到他們看機會遠過於風險，這兩種性格的顧客常說的話是什麼？在服務過程中你哪些回應方式會是地雷？要怎麼應對進退不但能讓他感到滿意，還能有機會讓橘色顧客爲你帶來高轉介率呢？

使命必達且看機會多於風險的橘色顧客他們常說的話像是：

「這怎麼可能不行。」

「哪有什麼不能做到的事，要不要而已。」

「一定有辦法，一定可以的，沒有試試看怎麼知道行不通。」

「我沒在管（怕）風險的啦！」

「這成效、成果一定會很好。」

「這根本就爲我設計的吧！」

顧客不在乎風險：先一起踩油門，才適時提醒踩煞車

當機會出現在橘色顧客面前時，凡是他感興趣就會緊抓不放，甚至是一股腦地投在當中，當然如果這機會並非他喜愛或毫無感覺，再怎麼誘導，他可是連聽都不想聽。

橘色顧客眼中的機會偏重在立刻或短期就能有成效的好處，因此在和他們溝通互動時，務必透過詢問和傾聽的技巧，聽出他此次服務渴望得到什麼，或期待能解決什麼樣的問題，才給予精準且能快速見到成效的服務方案或產品，這是和他們溝通最有效率的方式。

此外聽他們述說或閒聊事情時，無論顧客的考量是否完整周全，請先踩下油門一起呼應他的想法，等他有認同感後再告訴他路上可能會有的狀況，提醒他記

得踩煞車，避免掃橘色顧客的興，讓他們感到無趣。

有次在洗頭時，一旁的小姐從她說話的高音調、搭配各種手勢，以及說話的內容就能觀察出是橘色顧客。她興奮的跟設計師說：「那天我在電視上看到宋慧喬的直髮燙，看起來顯得年輕，我查了一下那是縮毛矯正燙，我覺得我也可以來改變一下風格，想燙得跟她一樣。」

設計師頗不認同的說：「您的臉型跟她不一樣，還有您的頭髮太厚，做這個造型不會有這樣的風格，頭髮想燙直我會建議您用光滑燙，燙出來的效果會帶點自然的弧度，就不會有厚重感。」

或許在設計師說第一句話時顧客就已經關上耳朵，但其實設計師只要把說話的順序對調，顧客的感受和結果就能完全大不同。建議這樣說：

先一起踩油門：「您將頭髮燙直整理一下就是蘆洲宋慧喬，直髮和現在捲髮相比確實可以更顯年輕。」

適時提醒踩煞車：「想變成直髮造型時，要和您的髮量、髮色和臉型都一起做評估，例如使用光滑燙，最好的效果就是讓頭髮呈現自然的弧度，更顯輕薄飄逸感。」

認同她看到的機會點，但也一定要提醒她會有的風險所在，後續這麼做是爲了保護自己，避免當風險點發生時，橘色顧客可是會直接找上門來問說你爲什麼沒有說會有風險存在的。

顧客使命必達：別說做不到不可能，要說我來試試看

橘色顧客在他自己的生活世界裡想做什麼總是能用盡各種方法、手段去達到，因此當他對於服務提出任何需求想法時，他自然會認爲也應該要能做到，因爲「沒有不可能，只有要不要」，這句話他深信不疑。

遇到這樣的顧客，提出了我們無能爲力滿足此要求時，千萬別回他「不可能、沒辦法、做不到、真的不行」，橘色顧客會使出不放棄的纏人功力，努力不懈的

說服你答應他，這時候比耐力是比不過他的。

我有個朋友被老婆交代去巷口水果攤買番茄蜜餞，但不要番茄只要單買蜜餞，還只要五十元就好。老闆一開始聽到需求時說：「抱歉，沒有單賣蜜餞。」橘色朋友開始先用同爲男人，要老闆體諒他被老婆要求做他也認爲不合理的事，再開始想方法說服老闆看看能不能。

最後老闆拿出完整一盒的蜜餞說：「不然我一整盒沒開封的賣你三百元。」橘色朋友深知買三百回去一定過不了關，又繼續和老闆纏鬥，最後老闆分裝一小包賣朋友一百元。

遇到這樣的顧客，你無法像老闆一樣能做主答應請求時，你可以這樣說：「這件事我沒有決定權，不然我們來想想還能怎麼做，我可以試試看想辦法幫你。」

橘色顧客雖說使命必達，但在整個過程中，你越硬越堅決他就越要得到不可，但你展現出你很想一起幫他，他自己有時也會退好幾步甚至最後放棄，所以在他還沒說放棄前，你不能先要求他放棄。

2

喜愛嘗鮮、尋求刺激和挑戰

≫高分族群

顧客顯現行爲：不喜歡一陳不變，對新事物願意體驗嘗試；喜歡有難度的挑戰，不愛輸的感覺。

應對技巧：有新體驗時首批邀約；溝通互動時擅用激將法——質疑、比較、創造競爭環境。

≫低分族群

顧客顯現行爲：對新事物感到抗拒；不愛競爭逃避挑戰。

應對技巧：等新事物過一段時間後，再向其推廣；不要拿他和其他人做比較。

平時上鋼管課我都獨來獨往，較少和其他同學在課程結束後交流，直到參加爲期一週十五堂課的鋼管進化營隊，課堂之間等著二小時後的下一堂課，和 Angel 一聊天才知道她沒有固定在哪學習，台北或新北市不同的鋼管教室和老師的課她幾乎都上過。

我好奇的想知道爲什麼，問她說：「不固定是因爲想要找到你喜歡的老師還是教室嗎？」

Angel 說：「我就是想要體驗各種老師不同的舞蹈風格，而且不同的場地環境也有不同感受，這樣能每次去上課都有種要開箱的新鮮、刺激感。」

她後來問了我：「妳不會都只在這個教室上課吧！」

我說：「我只有去到台南或國外時，才會去其他教室上課。」

接著她聲音興奮的跟我分享：「妳下次去台中一定要去體驗高空中的旋轉木馬，超級新鮮又刺激。」

像 Angel 這種喜歡嘗試新鮮事物，不喜歡一陳不變，又愛接受刺激和挑戰，就是很明顯橘色顧客的性格展現，遇到這樣性格的橘色顧客，最大的挑戰和難度就是怎麼讓他成爲高回流、高滲透的忠實顧客。

橘色顧客愛嘗鮮，除了邀請參與新體驗外，喜歡經營群組保持互動

怎麼樣能知道顧客具有喜歡嘗鮮的特質，能從他和你聊天的內容或和朋友之間的閒談中發現和觀察；他很喜歡去尋找、發掘和體驗新事物，並且分享自己最近嘗試的新產品、新服務或新活動的感受和喜好與否。有任何新東西正火紅時，一定也會立刻參與當中，喜歡嘗鮮的橘色顧客往往是在服務或產品創新早期的嘗試者，他們願意成爲新事物的先驅者，並在社交圈中分享這些新體驗。

要能定時定期開發新服務或產品並非容易的事，但能以「獨有尊榮」來經營且培養橘色顧客的高忠誠度。一個方法是當有新服務或產品時，優先讓他來體驗嘗試和感受，可以透過電話或訊息這樣說：「最近我們推出一個全新的服務／產品，第一個就想說一定要邀請您來做體驗，你哪天有空我來接待您。」

另一個方法是拉一個專門喜愛嘗鮮的顧客群組，邀請他們加入，在這群組中的資訊不能只是一直給予原有的服務、產品介紹、優惠活動推廣，你同時得提供

他們也會有興趣的新體驗。舉個例子：香氛產品是橘色顧客與你接觸的入口，在這個「獨有尊榮」群組中你也會分享和身心靈相關的新體驗活動訊息。讓他能嘗試新事物、尋求刺激和挑戰，從而建立起與橘色顧客之間的聯繫和互動。

喜愛刺激、挑戰的橘色顧客：適時應用激將法

喜歡挑戰和刺激的顧客會主動尋找新機會和挑戰，除了勇於冒險嘗試新事物之外，也會設定高標準要自己去達成，即使面對困難也不輕易說放棄，而是尋找解決問題的方法，橘色顧客討厭做不到和輸的感覺。

曾經幫一家高貴精品上課，學員在課程中分享，他有位熟客跟他買了一款最新的包包，學員一直讚美顧客眼光好，顧客開心的回說：「我特別喜歡這個抽繩的設計。」

學員就埋怨的說：「我自己也很喜歡，竟然有網紅拍影片說這很像天線，害

我在推這款包時，有幾個顧客就說會被說背天線出門。這是哪裡像了，我超級想去她影片底下留言反駁，只是我超沒種怕被揪出起底。」結果這位橘色顧客當天晚上就去影片底下留了一大篇反駁文章，還立刻傳訊息要學員去看。

看似學員只是描述一個事件沒特別說什麼，但實際上對於橘色顧客來說，喜歡的東西怎麼能這樣被形容，加上店員說沒有勇氣去留言，橘色顧客就會覺得應該要挺身而出，橘色激不得的性格完全展露無遺。因此，和他們溝通可以掌握他們不服輸的心態，適時應用激將法在互動中。

激將法一：質疑法

這個方法通常適合運用在熟識的朋友之間，會這樣說：「這你不行吧！」或是「這你行嗎？」只是在顧客的應對上不建議直接使用。不過能稍加包裝成變化版，例如說：「這件事很難，能做到的沒幾個」、「這件事幾乎沒有人可以做到」、「沒什麼人能輕易駕馭這款式（顏色）」等等，去激起橘色顧客的挑戰欲望。

例如：「這個手術完成後，恢復時間是二個禮拜，如果這兩週可以不要化妝，只擦有防曬沒有美妝成分的隔離霜，對於術後的皮膚恢復是最好的，只是要女生不化妝素顏，這眞的很難，您儘量就好，不要勉強。」

激將法二：比較法

透過與他人比較來激發橘色顧客的動機，可以在他面前直誇某某某很厲害，不服輸的橘色顧客一定會想證明讓你知道，他要認眞起來不但不會輸，還能表現得非常卓越。

例如：「我有位顧客陳小姐眞的很厲害，這半個月竟然因爲她的推薦來了七八組顧客，而且都指定要買您買的這一款，下次來我都要喊她一聲乾媽，她根本就是這個產品的代言人。」

激將法三：創造競爭環境

喜歡挑戰的橘色顧客在活動中，總是希望能成為榜上人物，像是經銷體系、健身中心的瘦身服務，就能將目標以遊戲化的方式來做設計，激發他們的興趣和競爭心，提高參與度和動機。當然在競賽過程中搭配上質疑和比較法來關注他們的成績，更促使其努力超越他人。

例如：「（比較法）以第一週經銷商的銷售成績來看，××店真的令人刮目相看，一星期可以賣出五百多台，這根本是神等級，（質疑法）不過也有可能他只能衝第一週而已，你要認真拚起來應該也不會輸他。」

這三種方法都是善用橘色顧客喜歡贏不愛輸的心理，以隱喻的方式給予刺激，除非你真的和顧客熟悉到平時就很會鬥嘴，才能直接的用激將法對顧客說：

「你怎麼可能，你不行吧！」否則橘色顧客可是會當場翻臉或直接走人。

3

反制約束、崇尚自由、不拘小節

高分族群

顧客顯現行爲：聽到規定很多有所限制時、提到過多細節或他沒興趣的事時，以及要他做很多流程步驟的麻煩事，都會立刻露出不耐煩。

應對技巧：絕口不提到「因爲規定」的字眼、從大方向和一定要說的事先說起，讓他知道已經爲他簡化了許多麻煩事。

低分族群

顧客顯現行爲：每一件事情都會想知道流程、步驟和細節，並且要清楚知道規則是什麼，要注意的事項有哪些。

應對技巧：說明解說時得依照順序、步驟或流程一一說明，不要跳來跳去。

早期幫一家停車設備維護廠商上課，上課時一位大哥很氣的提出了一件被顧客無理刁難和客訴的案例，事情的緣由是一個上班日的早晨，顧客的車被卡在機械式上層車位，大樓管理員通知維護場，維護場也依據合約規定的時間內排除問題，讓顧客的車順利開出來。

只是隔沒幾天顧客卻來電要求索賠，電話上顧客這樣說：「因爲你們的機械故障導致我車出不來，雖然當天有解決但後來到公司也遲到了，害我這個月沒有辦法拿到全勤獎金，這二千元應該由你們來賠償。」

大哥則是一直強調：「我們合約條款中有寫，出狀況後會在一小時內來做處理，我們也依約來了，而且當天四十分鐘就已排除，依照合約我這裡無法爲你申請理賠。」

電話內容就不停的在顧客堅持「是你們機械的問題」和大哥認爲「依合約規定」下，最後顧客直接鬧到新聞媒體上，報導內容卻變成是顧客抱怨大哥一直用合約規定來撇除責任關係，無心要幫忙他往上爭取理賠。

大哥一說完這例子，其他同事就跟他說：「啊就遇到橘色人，你還一直用金色方式應對，難怪你被整。」

橘色顧客因爲不受拘束、崇尚自由的性格，致使他們對於局限執著在規定中而未能應變給予彈性的服務會深感憤怒，他們在做事情上是看結果，不在乎過程且怕麻煩，更不喜歡談細節。

當顧客說出下列的話，他八九不離十就是有著反制約束、崇尚自由、不拘小節的橘色性格在當中：

「可以不要再一直說公司／法律／規定嗎？」

「你們這限制也太多了吧！這也不行那也不行。」

「申請這個會很麻煩嗎？」

「這太麻煩，很浪費我時間，算了！」

「我不太在乎細節，能不要跟我說這些嗎？我沒必要知道。」

換句話說，就是不要說依規定。

橘色顧客不喜歡聽到依規定，不管是說：這是公司規定、依照合約載明的、我們當時簽約就有聲明、根據我們的使用規則，這些用字都會讓他備感壓力，好似要拿規則來壓他，不喜歡被受限的橘色顧客，這些字一出現就相當容易引爆他們的怒氣和理智。

只是現實狀況就是如此規定，要怎麼表述才不會讓橘色顧客有被限制的感受，請換句話說，例如：

原本是：「依合約規定我們有在時間內處理，所以無法受理理賠。」

換成這樣說：「目前的狀態沒有辦法申請理賠，讓我去了解一下能不能用其他方式幫忙你，我會盡力但無法保證一定有。」

原本是：「雖然只放一天但依照租借辦法，教室置物櫃要付月租費，才能借放使用。」

換成這樣說：「我也很想給您方便寄放一天，只是被其他人知道，以後大家就都會借放而不租借置物櫃。」

用依據規定的字眼容易使橘色顧客認爲你沒有彈性，也會認爲你用規定當擋箭牌，沒有想要爲他服務的意思，因此換句話說時，特別強調想爲他解決問題或提供服務，這樣做能減少可能的不滿情緒，同時也有助於建立友好的顧客關係。

然而當主動給橘色顧客在規定外的服務時，就要刻意將依照規定給說出，例如：「依照優惠活動方案，買十次才能贈送一次，不過每次新產品你總是全力支持，我這邊就多送您一次。」

從大方向先說起，細節不要一一細說

產品說明書你會看嗎？拿到流程、步驟表後會細讀嗎？不拘小節的橘色顧客，拿到這些資訊看到字一堆就會先擱在一旁，如果剛好你在旁說明，他會問其他問題來打斷你，或是直接跟你說這些他不想或不用知道。

在和不拘小節型的橘色顧客溝通事情時，先想一下哪一個不說會有嚴重的危險，或是導致他無法順利操作，這類事情請務必將它放在第一順位優先說出，以免當他耐心開始銳減時才說就太慢了，再者也能想一下哪些資訊不需要立刻知道，也能試著以其他方式做提供，讓顧客自己在閒暇空餘時再閱讀觀看。

只怕你認爲每件事都很重要，但對橘色而言卻都只是微乎其微的事情。或許你也能直接詢問顧客他想知道什麼，他希望什麼樣的資訊由你親自跟他說明，讓橘色顧客有掌控權，在聽敘述時他就比較不會顯出不耐煩感。

例如顧客詢問：「我想看這一款手機。」能先回應：「需要我爲您介紹嗎？」當顧客表示出意願後，接著可以這樣問：「您希望我介紹螢幕設計、相機鏡頭或電池特性，或者您有其他特別想知道的？」橘色顧客就算時間再多也不會跟你說他都要，而是會直接讓你知道他想聽什麼。

怕麻煩更討厭麻煩，讓他知道已將麻煩簡化

橘色顧客不單是不管細節外，更是害怕繁瑣和麻煩的事情，尤其是文書行政

流程，像是表單塡寫、詢問過多的問題、流程一堆、重複的事，這些都會讓原本就沒有耐心的他更顯得暴躁，而且你可以仔細觀察他是否都還沒回應，就會先從臉部和動作開始顯出不耐，字跡越寫越潦草，甚至有可能中途就會放棄。

怕麻煩的橘色顧客在知道要塡寫或準備相關資料時，都會習慣性的問說：「這會很麻煩嗎？」請不要回答：「不會。」因爲他對麻煩的標準遠比你想像中的低很多，避免他中途放棄，可以先讓顧客知道已經有精簡過，也能刻意說出你特地爲他先做了些什麼，他只需要再完成什麼即可。

例如：「這些文件我特地把能幫你塡上的資料都先塡寫好了，只有幾個用鉛筆圈出來的地方，得麻煩您自行塡寫，資料還是不少可能得麻煩您。」

再舉一個例子：「原本需要您先到十樓去做兌換再回到櫃位來抵免，不過我可以幫您先做抵免，您去兌換時我去拿新貨和包裝，等您兌換回來後就能立刻把東西帶走，這樣好嗎？」

4 能言善道、影響力十足

高分族群

顧客顯現行爲：分享任何事情或觀點時極具說服力，喜歡揪團。

應對技巧：成爲最佳聽眾、應用奉神法和示弱法讓他成爲業務推手。

低分族群

顧客顯現行爲：陳述事情時過於平鋪直述，難吸引注意力；獨善其身不愛分享。

應對技巧：聽完顧客所言後，以封閉式問題來確認是否有了解他所表達的意思；不直接邀請他爲你做推薦或代言。

一斤三百五十元的油飯你會買嗎？有次去到一家美甲

店，隔壁一位小姐聊天聊一聊就和美甲師介紹起自己朋友做的油飯，她大概是這樣描述：「我有個朋友做油飯很講究，糯米若是產地沒有她就寧願不要做，聽她說著香菇和蝦米的費工處理，是我一定做不來，最特別的是會使用白胡椒粉，那口感我這輩子從來沒有吃過，上次吃過一次後我天天都心心念念著。」

別說美甲師了，連我在一旁聽著都想馬上來一碗，美甲師問了說：「妳朋友是開店賣油飯喔！」

顧客回說：「我朋友用料太實在，而且做的食物都很耗時耗工，開店一定賠到死，我是一直想幫她開油飯團，只是那天和她一起把材料費和時間算了一算，一斤至少要賣三百五十才不會賠錢。」

美甲師跟著呼應說：「妳說的這麼好吃而且外面又吃不到的口感，這價格是比外面貴了很多，不過妳要是開團記得算我一份。我要兩斤一斤帶給我媽吃，她超愛吃油飯。」

你也有過被顧客銷售或說服的經驗嗎？這類型的顧客最大特色就是很愛分享

他所認同的物品、觀點、理念……等，且擅於以說故事和論述的方式做交叉表述。當遇到表達能力極佳、口才好、能言善道，且總是在言語中就能影響他人行爲或想法的橘色顧客時，建議在服務過程中應用以下三個方法，不用口才佳也能輕鬆地溝通應對。

成爲最佳聽衆：專注、回饋、提問、共鳴

能言善道的橘色顧客喜歡分享且享受舞台，他們需要聽眾的應和，需要掌聲的認同，所以當他們發起了談話主題時，可以依序藉由專注、回饋、提問、共鳴來引發對該主題的興趣，而這正是他最期待的樣貌。

專注：傾聽對方說即可，避免去想自己的評論或意見，假使你不完全認同，也無需爭辯，因爲他並沒有想要得到任何意見，並且將談話內容中的關鍵字記住。

回饋：根據內容能簡單回應「恩」、「眞的喔」、「哇」來讓顧客知道你很投入在他的話題裡，此外也可以透過眼神、表情、或簡單的點頭動作來示意。

提問：提出開放性問題：爲什麼、是什麼、怎麼做，能擴展對話的深度或範圍，更可以讓顧客感受到你對話題感興趣。

共鳴：在顧客分享到一個段落時，能適時表達出你對該事物或觀點的感受，將你所記住的關鍵字加以善用，便能讓顧客感受到彼此有強烈的共鳴。

當橘色顧客認定你是他的好聽眾時，他對於你在服務上所提出的說明、建議或說服，接受度會變得極高，就好比是現今偶像都會寵粉絲一樣。因此你也可以刻意提出顧客會有興趣的話題，讓他講得很開心後再帶入自己要說的內容。

前面說的那位美甲師在談完油飯話題後，也沒有問顧客的喜好和需求，直接推薦她最新款的樣式，顧客毫不加以考慮就回說：「妳說的都好。」

讓顧客成爲最佳推手：讓他覺得自己很神

影響力十足且能言善道的橘色顧客，他們無論是在職場或生活中都是位洗腦高手，外加他們天生具備領袖特質風範，輕易就能影響他人的行爲或決定，因此非常熱愛揪團，可能是產品的購買或服務的體驗，要怎麼讓這樣的顧客成爲你的銷售業務呢？

遇到這種特質的橘色顧客可以同時應用「**奉神法**」和「**示弱法**」，先把顧客講得很神，因爲一旦他被神化後，心情就會好、心情只要一好，無論你接著開口說什麼做什麼，不僅能滿足他最初對服務的期待，心情上的感受甚至是大大超乎他的預期。

神化後就能適時的示弱，過程就跟去廟裡祈求、上教堂禱告一樣，先對著神說自己遇到了什麼困境，同時拜託祂能幫你度過困境或是保佑你一切順利；橘色顧客就是那尊心中信奉的神，表現出你亟需他幫忙的態度和口氣，他不自覺就會落入非他不可的自我良好感覺，並且以行動帶給你和他等級相似的顧客。

我就曾在沐浴用品的門市，看到服務人員在跟顧客介紹熱門款沐浴乳含精油成分高低後，推薦了顧客最熱賣的A款，顧客回說：「我一直都是用B款，那款味道可以殘留比較久我比較喜歡。」這位服務人員立刻把奉神法用上，對著顧客大大讚賞著說：「您眞的相當有品味，那款芙蓉有木質調，很多顧客都不習慣這味道，但實際上這款精油濃度最高。」

顧客從原本沒什麼表情變得眉開眼笑，服務人員立刻加速著銷售說：「您可以趁現在搭配二瓶有優惠，另一瓶我會推薦你C款，也是精油濃度較高，且晚上睡前使用能有安神鎮定的效果，您要不要先試用看看喜不喜歡。」

那位橘色顧客阿莎力地接著說：「不用，你那麼懂我，你推薦的我絕對相信。」服務人員又接著說：「今天一開店就能遇到您，也太幸運了，希望今天都能遇到像您這樣的好客人。」橘色顧客熟門熟路的說：「等等送我的試用包，就拿你剛推薦的C款，我等等聚餐時拿給我朋友們用，再讓她們來找你帶貨。」

5

滿滿能量、熱情無限

≫高分族群

顧客顯現行為：熱情招呼、滿滿好奇心的探索和詢問、積極購買和推薦。

應對技巧：無論是在用字、口氣和節奏上都給予相對應的熱情展現。

≫低分族群

顧客顯現行為：面無表情表現出冷漠、不喜歡交流互動的樣子。

應對技巧：保持友好態度，提供必要幫助，不要過度打擾。

我認識兩位朋友，她們自行研發和生產蔬食醬料，創立了「日舒醒」這個品牌，一次她們受邀參加台北車站市集擺攤活動，北車人潮雖多但多爲路過的民眾，當日攤位少說也有一百家以上，要吸引顧客進到攤位並不容易。

而我朋友的攤位遠遠就看到擠滿了人，走近一看有顧客在排隊等試吃，有更多顧客則是等著結帳，還不到結束時間備的貨已經不夠賣，後來才知道是一位顧客試吃以後，覺得能把蔬食的醬料做得跟蟹膏一樣的香濃好吃很不可思議，就留在攤位幫兩位老闆招攬起生意，顧客從那時就沒停過。

橘色顧客的舉動，一開始朋友相當不適應，覺得這顧客也太怪太雞婆了吧！不過隨著絡繹不絕的生意，兩位老闆後來幾乎也把他當成是自己的工作夥伴，開心地跟著一起叫賣起來。

橘色顧客在展現熱情的方式上常讓人丈二金剛摸不著，因此當遇到顧客熱情大爆發時，該怎麼應對？又有哪些應對是會讓他們感到掃興？滿滿能量、熱情無限的性格相較於沈穩內斂的顧客，會更容易感受到他們的耐心度不足，沒有耐性凡事求快，在做事說話的節奏上又該怎麼調整？

不喜歡掃興的感覺

橘色顧客的熱情展現從一與他接觸就能清楚的感受到，常常會在這些服務旅程階段展現如下：

熱情招呼：會展現出燦爛的笑容、友好的語氣和大方的態度，若是常客一碰面，會大聲招呼甚至還會像朋友般的給一個擁抱，走進店面整家店都會充斥著橘色顧客的聲音。

探索發現：對於服務或產品都會以好奇的方式探索著，像是店內的陳列每樣東西都會摸一摸看一看，產品目錄也會快速地翻閱並嘖嘖稱奇感到豐富或新奇，或對於服務表示出每一個都想體驗嘗試。

詢問討論：他們在詢問相關服務或產品的問題時，同時也會大量分享自己的觀點或想法，在互動過程中說話帶著輕鬆且詼諧的口吻，想到什麼就問什麼說什麼，比較不會等你把話說告一段落再發表意見。

積極購買：對於喜歡或認同的東西會失心瘋似的購買，有時是力挺、有時是為了和其他人分享，有時則是沒有為什麼，例如「包色」；橘色顧客買東西在乎爽度更勝於實用度。

推薦宣傳：對於極度認同、喜好的產品或服務，主動和其他不認識的顧客做分享推薦，說得口若懸河一副自己是銷售或服務人員的模樣，也有多數會在購買使用後推薦給親朋好友同事外，同時利用社群軟體分享告知。

當顧客熱情十足的展現上述行為時，倘若你不是一個熱情十足展現的人，有些行為要避免出現，而有些互動則是刻意使用，免得讓橘色顧客產生掃興的感受。

招呼：給予橘色顧客相對應的回應，除了沒有表情、神情冷漠或因為忙碌而未先給予一聲招呼是大忌外，聲音平穩毫無生氣機械式地招呼，或緩慢的節奏回應都會令他感到不舒服。以微笑友好、熱情輕快的節奏語調向顧客打招呼，表情儘量充滿活力。

探索發現：當他們在翻看產品時，急著想做介紹推薦、解說，或只要顧客每摸看一個東西，就跟在後頭做整理，這都會讓橘色顧客感到壓迫和備受監督，他們會選擇立刻離去。

在招呼後給予他們足夠的空間和時間自由探索，不過度打擾但又能在有需要時，隨時且輕易就能發現你，會是橘色顧客最期待的互動模式。

詢問討論：橘色顧客有時過於專注在自己的表述中，當他們再次詢問相同的問題，被回以「這剛才我說過了」或是「你已經問第二次」這些回覆都會讓他認定爲不耐煩的表示。

試著改成這樣說「這部分我再說明、解釋一次」、「剛才（上次）的說明有哪裡是讓你不清楚的地方」，此外也能試著用不同的比喻來再次做解說。

積極購買：當他們在做選擇問了哪個好的時候，實際上並沒有要聽取眞實建議，千萬別認眞地卯起來狂說自己的想法，除非你知道他的偏好和喜好，否則與他們不一致的表述，會讓他們有不被認同的感受。

安全又能讓橘色人有被讚美認同的感受，可以將各自的優點分析給他聽，並且讚美他挑選的眼光，像是：這是最熱銷的、這是最有效的、這是最有產值的。

推薦宣傳：橘色顧客想要極力做推廣分享時，有可能會來爭取額外的優惠折扣、贈品、服務……等，當未能得到期待的要求，會大大降低他們分享意願。因爲他的轉介率會爲你增加不少客源和業績，如果能爲橘色顧客爭取就儘量做到，未能滿足期待能夠讓他知道，你的努力過程，再提出以個人的名義給予他些微好處。

耐心度不足

橘色顧客注重即時滿足和快速效果，導致沒有耐心等待，也沒有耐性聽解說，他們若感到無趣或內容不是他們想知道的時候，會不加掩飾的直接表現在表情上，客氣一點的顧客則是拿起手機滑來滑去作爲暗示。

當有需要他們等待，或是等待時間延長時，只要可以試著轉移注意力就能讓橘色顧客忘了時間，例如：推薦他看其他物品、在其他舒適區域提供點心、遊戲、報章雜誌、陪他聊天成爲他的好聽眾。

如果這個等待需要長時間的天數，則是強調該樣物品或服務的稀缺性、獨特或珍貴，讓顧客產生期待，同時表示出將爲他極力安排爭取縮短等待時間。

有需要和性子急沒有耐心的橘色顧客做詳細說明時，請先說結果再說明接著要做什麼，最後有必要時才解釋爲什麼，因爲他們比較在乎要先做什麼而不是爲什麼。例如：被問到「貓舔毛吃進肚子裡沒關係嗎？」回答時先說結果：「毛誤食進去之後要吐出才會沒事」，接著才向主人說明可以常幫忙梳理毛，或是補充膳食纖維、排毛粉，來讓吃進去的毛排出。

上述的回應已經能讓橘色顧客得到想知道的答案，無需主動先告知排毛粉含有什麼成分所以能助於貓毛的排出，除非他有興趣知道開口問了才需要回應。

6 想法瞬息萬變，喜形於色

高分族群

顧客顯現行爲：對於已決定的事情容易自行推翻且改變；喜怒形於色完全不加修飾。

應對技巧：不討好而是以專業建議、設定界線和說明後果來防止一變再變；顧客不開心時試著讓他轉移焦點。

低分族群

顧客顯現行爲：在想法和選擇確定後堅定不移；永遠保持溫和微笑或沒有任何表情。

應對技巧：在顧客做決定後盡可能不再做改變調整；別刻意想去辨識顧客的情緒，專注在傾聽上即可。

火鍋店從湯頭、肉品、菜盤替換到附餐，讓顧客能隨自己的喜好做選擇，這樣的設計不單是顧客做選擇很燒腦，有時工作人員遇到一些三心二意的顧客也是很頭痛。

我住的附近有家連鎖火鍋店，每天還沒到營業時間門口就已大排長龍，他們會讓排隊的顧客先將菜單劃好，有次排我前面的顧客，整張單子塗塗改改多次畫得亂七八糟，就連服務人員要跟他確認時都怕等等廚房會看錯，於是再拿一張新菜單請他確認後重新劃。

服務人員才一轉身顧客又追上去說：「我想把海鮮鍋改成牛奶鍋底。」入座後服務人員將菜盤一一送上時，顧客又說了：「我們飯改成三碗就好，我的飯想改成烏龍麵。」

他的家人翻了個白眼唸了他：「你這個客人眞是厤煩一直改來改去，是我早就白眼翻到背後了。」

遇到下決定前猶豫不決難以下決定，俗稱有「選擇障礙」這類型的顧客是藍色特質，而到已經說出決定後，還會再提出要求改變，甚至改了改到最後又改回最原本決定的，有想法、決定瞬息萬變特質性格的，則是橘色顧客的行爲展現。

不輕易被情緒左右：以專業和界線來降低改變的次數

服務有著瞬息萬變特質的橘色顧客，在應對進退上特別提醒自己不能展現出任何一丁點不耐煩的樣貌，連心裡面OS的聲音都別發出，避免被橘色顧客給感受到，他可是會抓著這個態度的點與你起爭議。

曾經去澳洲一家運動用品店買了一套運動服，店員拿新貨給顧客，結完帳包裝後交到顧客手上，顧客就立刻說：「我的膚色還是比較適合灰色，請幫我換成灰色。」看得出來店員沒有太開心，不過還是換了顧客想要的顏色給他，顧客一離開，店員邊折著櫃上試穿過的衣服，邊跟同事抱怨說：「要換也不早點說，看很久說要紅色，結完帳就又說要換色……。」

顧客不知道何時又折回了店內，聽到店員在抱怨他，相當不客氣把衣服往結帳台上丟，大聲咆哮的說：「你這服務態度很惡劣，這件衣服我不要了。」店員急忙低頭抱歉賠不是，顧客氣到狂罵三分多鐘，堅持要退費而且還揚言會寫客訴信給公司。

無論顧客再怎麼變來變去讓你感受到不舒服，都不建議在橘色顧客面前或背後表示出不滿，不過當我們意識觀察到橘色顧客現身時，能夠試著在服務過程時給予「專業建議」和「設定界線」，來讓自己不做白做工或深陷在換來換去的輪迴中。

專業建議：透過提供有價值的建議，可以減少顧客的猶豫和不確定感，不因顧客的喜愛而討好他的想法或選擇，而是從專業的立場做各方面清晰且明確的分析給他知道，不過最終仍舊給予顧客多個選擇，讓他們感到有掌控權。

在上述事件中，顧客在購買運動服猶豫要買紅色或灰色時，服務人員就可以先從顏色帶給他人的感受建議，像是：「紅色可以增添亮麗感、灰色則較爲中性和百搭，不過對膚色白皙的人來說，淺灰色可以使膚色顯得更加明亮和清爽，而紅色則是會使膚色顯得較紅潤。」另外也能再從顧客沒有提及在意的點提供參考，例如：「灰色或紅色和您現有衣櫃裡的衣服哪個搭配度較高？該材質和款式哪個顏色較適合多數場合？」

設定界線和後果：和顧客說明清楚退換貨的規定，在什麼情況下可以進行退換貨，在一定程度上限制顧客換來換去的行爲，或是表明我們的能力不足未能做到顧客的要求，而有些調整改變超出原有交易合約範圍，也能提出新增的收費項目。

倘若遇到購買運動服的顧客第一次換貨時，服務人員能這樣回應：「我查一下系統確認是否有庫存新貨能做替換服務，如果沒有庫存，那這件展示的衣服您能接受嗎？」這句話讓顧客知道規定是可以換，但不能確保一定有庫存能換給他。

換給顧客後建議這樣說：「如果回去後還是想換成紅色，一定要在七天內憑著發票，但不能保證一定還有紅色可以做替換，或者您也可以趁現在都有新貨兩件一起帶。」

本篇文章一開始火鍋店的例子也是，再確認顧客需求重新劃上菜單記號時，最後設定界線的再問一次：「湯頭、肉盤和副餐，還有沒有要做更換的部分，我們單子送進廚房就會一次備好，到時要做更換就會耽誤您很多等待的時間。」

在設定界線時也刻意讓橘色顧客知道，做更換對他而言可能造成的麻煩或困擾是什麼，讓他能夠因爲更換所要付出的代價而思考清楚才做決策，決策後也因爲知道可能有的後果而選擇維持原狀。

伺機而動：觀察顧客情緒溫度，低溫時先將溫度提高

橘色顧客的喜怒哀樂心情感受，是完全不加修飾的透過表情、口氣、樣態給表現出來，他們心情好時可能會表現出笑容、活力，說話大聲且興奮的樣子，主動與你交談、分享，若是常客，可以趁他開心什麼都好的時機點，和他溝通所有的事情。

相反，當橘色顧客心情不好時，可能會面露不悅、表情凝重、擺著一副臭臉，他也容易在對方打招呼、對話的當下，直接表現不耐煩、不滿或沮喪的情緒，這時你很容易就被掃到颱風尾。

遇到顧客情緒不佳，不免先停下來，轉移分散他的焦點，因爲這種性格的人脾氣來得快去得也快，以讚美、請教他的奉神法方式來讓他變得開心，例如：「你身上這件實戰球衣很難買得到，太神了吧！你怎麼有辦法買到？」

也能試著用其他新聞時事、美食分享來和他做交流，讓他可以分享從中轉移他的情緒。

新聞時事例如：剛剛 Line 新聞看到大谷翔平去韓國打球，竟然在自己ＩＧ張貼和另一半的放閃照，您覺得他們登對嗎？

美食分享例如：這蛋捲是客人從日本帶回來的，堪稱是ＬＶ等級的蛋捲，在台灣三倍價格還要排隊，您要不要吃一個看看？

因此服務人員在服務橘色顧客時，能去察覺且和顧客的溫度同步，才能避免他高溫時，你的情緒未到達他的期待，就易被客訴成冷漠的服務，而他低溫你卻依舊高溫時，你則會感到熱臉貼冷屁股的感受。

出色服務溝通力認證講師經驗談
老楊食品人資課長 林姿玗

身爲人資，每一個同仁都是我服務的對象。以前我面對橘色人格的主管，會很害怕和有雷厲風行的行事風格的她應對，往往她劈里啪啦的快節奏說話速度讓我說不過！尤其是要說服她配合專案的制度規則的時候，我會覺得她非常情緒化且只考慮自己。我甚至會覺得，規則就是規則，我爲什麼還要考慮到她的情緒？

但自從我學習出色溝通之後，我發現，金色的我可以理解橘色的她那不受拘束的個性，以及想要效率或創新的立場；我可以懂她情緒化的當下，她那內心眞正的想法。我知道和她合作專案時，需要先找她來討論專案的制度規則或流程，也會先聽她的心聲，了解她的需求，並與她討論出一個可以讓專案裡的每個人都能接受且更有彈性的折衷方案，這樣既能滿足她的需求，又能讓大家用有共識的制度規則來共事，也能確保可以幫助她達到效率做事的目標。

透過「出色溝通力」這套工具，我可以透過員工的行爲模式，快速地辨別員工的底層人格個性和情緒感受，以利我能提供有效的服務和幫助。

PART 7
四色服務人員使用手冊

communicate

1 我是什麼顏色的服務人員

請你用五分鐘的時間，根據你在工作中進行顧客服務、銷售時的狀態，依直覺的方式在每一行上（直排）作答，總共九行。

寫完後請計算出每一列（橫排）有幾個○和×，從上到下的性格分別是金色、藍色、綠色、橘色，○最多的欄位就表示你在工作時主要以該顏色性格來做顧客服務、溝通和應對，找出自己的主打色後再往後參閱該色的服務使用說明書，藉此理解你在顧客服務上的優勢以及需要特別注意之處。

若想要空白測驗檔案，請掃描QR碼，即可取得並同時能免費加入「卡姊駕到」溝通電子報。（雙週出刊）

每一行中四個描述，選出一個最像你的給O，最不像你的給X（每行只會有一個O和X）。

金	藍	綠	橘
□守時、肯負責	□有創意、重溝通	□有智慧、重邏輯	□有活力、自動自發
□具有強烈的是非感	□深富熱忱並具同情心	□不隨波逐流又很有遠見	□冒險精神且足智多謀
□工作上重視細節	□工作上以和諧和接納為主	□工作上專業技術熟練	□工作上精力旺盛求勝的心
□遇上挫折憂心忡忡	□遇上挫折消極抵抗	□遇上挫折會退縮	□遇上挫折心理上迴避
□重視傳統、負責	□真誠、慈悲	□有能力、創意	□積極、及時的
□務實、可信賴的	□同理心、喜歡溝通	□理論的	□衝動、具影響力
□謹慎、有組織的	□豐富想像力	□探索新想法	□愛冒險
□程序規則	□溫和、情感充沛	□果斷、思考縝密	□有膽量、有趣的
□有條理的	□有感情的、靈感激發	□哲理的、理性的	□直接、有勇氣

金 O	金 X	藍 O	藍 X	綠 O	綠 X	橘 O	橘 X

2 藍色服務人員使用手冊

顧客服務上的**優勢**如下：

1. 讓顧客感受到親切溫和、平易近人，和你互動時很舒服自在，也因爲你相當願意專注傾聽顧客談話，顧客就不自覺地把你當成是一個傾訴的好對象，甚至私下會與你交心談話，像是好友閨密般的互動。

2. 你具有同理心性格，總能早一步想到顧客可能的想法、需求或困境，而貼心的爲顧客先多做些什麼，讓他感到窩心和感動，顧客有時買的已非產品而是你的貼心和同理心。

顧客服務上容易遇到的**困境**如下：

1. 遇到不笑、表情嚴肅、表述上精準且語速快到有些咄咄逼人的綠色人，你會感到害怕，尤其是談及專業或數字相關問題時，請練習長話短說的精準表達。顧客回應或提出問題時，專注力聚焦在內容上即可，不要去觀察非語言的訊息，以免影響自己自信心和專業的展現。

在乎和諧的性格常常提出的回應並非來自專業或顧客眞實需求的依據，而是來自你觀察對方感受回應做決策，這不單是綠色顧客、也會讓金色顧客感到質疑。

2. 對於顧客提出的不合理要求，只要他相當堅定地提出或凹你時，尤以橘色人，你就會難以招架且常常在不自覺中就做了過度的承諾。有時則是表達拒絕但用字過於婉轉、不肯定，容易讓綠色顧客抓住像是「可能」、「好像」字眼，最後只能從以爲的拒絕變成接受。

上述的顧客服務溝通困境，你可以往前翻看，找到應對的服務和溝通方法：

1. 向顧客做精準表達

綠色：重視邏輯組織——剪雜支、列點下標、準備5W2H和縮時（請參閱P.138）

2. 不被顧客凹

橘色：使命必達——別說不可能，要說我來試試看（請參閱 P.236）

3. 堅定自信回應

綠色：相信數據、事實——善用肯定句、數字、給予連結（請參閱 P.163）

3

綠色服務人員使用手冊

顧客服務上的**優勢**如下：

1. 組織邏輯、思維都相當清晰，很有洞見的能看透事情的本質，尤其是顧客所提出的問題或需求，能夠一針見血的分析解釋或提出解決方法，同時還能在顧客面臨抉擇時清晰陳述選項的優缺點，以及從長遠來看是否有意義。

2. 對於自己在服務上的專業瞭若指掌，除了公司給予的知識外，還會花時間下功夫去做探究，只要是顧客所提出專業上的疑難雜症，幾乎都能給予正確的知識和技術，專業度上深受顧客的信任和依賴。

顧客服務上容易遇到的**困境**如下：

1. 在與顧客互動上理性思考多過於感性，因此常會因爲一邊聽顧客說、一邊思考著顧客所言，而忘了表情管理，進而讓較爲敏銳的藍色顧客或總是展現熱情無比的橘色顧客，誤以爲是冷淡、無情或是質疑、不滿意他們所言。因此建議在聽顧客說話或發表和顧客不同意見時，可以微笑著應對最佳，若無法可以先提醒自己不要皺眉頭，更別將手交叉或放在下巴、胸前。

2. 追求卓越、完美是很好的性格和做事態度，尤其在服務顧客上。但對於金色顧客準時和正確更爲重要，偶爾會因爲非得要求完美才提供服務，而讓顧客覺得太過龜毛，這時別一口氣非要做到一百二十分不可，如實如期如所承諾的即可。

上述的顧客服務溝通困境，你可以往前翻看，找到應對的服務和溝通方法：

1. 給顧客有溫度的服務

藍色：敏銳——輕聲細語、面帶微笑、專注回應和給予讚美（請參閱 P.108）

2. 讓顧客感受到熱情

橘色：滿滿能量、熱情無限——用字、口氣、節奏調整（請參閱 P.265）

3. 取得顧客的高度信任

金色：時間觀、凡事事先計畫——應用緩衝時間（請參閱 P.206）

4 金色服務人員使用手冊

顧客服務上的**優勢**如下：

1. 關於產品、服務的流程、制度、規則和細節皆能鉅細靡遺的熟記，也能具體明確的讓顧客知道：是什麼、該怎麼做、怎麼做才是對的。加上有幾分把握才說幾分話，嚴謹維護規定、要求和秩序，會讓顧客很喜歡這樣不變來變去保有一致性的服務。

2. 凡和時間有關的事情，會很謹慎的評估後才給予顧客承諾，相當有責任感，答應顧客的事一定會做到，做事不易出錯且細膩，顧客往往對於你做事的品質都感到放心和信任。

顧客服務上容易遇到的**困境**如下：

1. 橘色顧客的不按牌理出牌，又老喜歡你破例，讓重視公平且謹守原則的你深感困擾，謹守原則、規範確實讓自己好做事，但卻會被橘色顧客抱怨說一板一眼、沒彈性。因此不要急著開口說「不行」、「公司規定」這樣的字眼，先展現出你有想要爲他打破框架的樣子，讓顧客覺得需求雖未能被滿足但你已使盡全力，就比較不會延伸出抱怨的話。

2. 做事和表達都喜歡遵循著固定不變的節奏、順序和方法，這也會讓自己在和顧客溝通互動和服務時相當流暢，但遇到綠色顧客打斷提出爲什麼、橘色顧客岔題跳題或者藍色顧客突然聊到了心事面的議題，會招架不住的突然腦中一片空白，表現出慌張的樣子。其實可以利用複述的方式，一邊把顧客的問題、內容中的關鍵字再說一次，一面幫自己爭取時間思考怎麼回覆。

上述的顧客服務溝通困境，你可以往前翻看，找到應對的服務和溝通方法：

1. 給顧客有彈性的應對

橘色：反制約束、崇尚自由、不拘小節——絕口不提依規定（請參閱 P.252）

2. 不怕被顧客提問打斷

綠色：探索爲什麼——對自己提問爲什麼做練習（請參閱 P.146）

3. 成爲顧客傾訴的對象

藍色：心靈交流——二不一要技巧（請參閱 P.92）

5 橘色服務人員使用手冊

顧客服務上的**優勢**如下：

1. 熱情洋溢、有朝氣、精神的工作樣態，說話幽默中帶來歡樂，無論什麼話題都能和顧客聊上兩句，顧客常在不自覺中就被感染了熱情和快樂，也跟著開心起來。

2. 能言善道且精於應用生活中的大小事來作爲比喻，說話時帶著豐富的表情、肢體語言，特別讓顧客在交流溝通時相當專注，且享受於其中，加上生活上喜歡挑戰、刺激、嘗鮮，因此總有精彩大小事能和顧客分享，不自覺的都會讓顧客迷上你。

顧客服務上容易遇到的**困境**如下：

1. 目標導向以及使命必達的個性使然，有時沒經過評估就亂給顧客承諾，最後未能如所言做到時，最常引起金色顧客的抗議和未來再也難以信任你所說的話或承諾。另外也會因爲只管當前目的、好處，而忽視了現有規則、制度，或不顧及未來的可能變化、趨勢，就提出方案、建議，綠色顧客會直接認定目光淺短甚至是短視近利。

衝動行事從長遠顧客經營來檢視較爲不利，凡事要說出口或給予承諾前，給自己第二次思考的十秒鐘，暫停一下緩一緩有時說出口的話會更理想。

2. 做事只管大方向、討厭細節小事，對於數字、專業用字、規則都因爲不擅長，導致有時會提供錯誤資訊給顧客，建議可以利用應變能力去化解，取得顧客的體諒，但金色顧客相當不喜歡如此的感受，這些細節小事記不住試著用一些方法來作爲輔助，而不要僅憑著印象不小心將黑的說成白的。

上述的顧客服務溝通困境，你可以往前翻看，找到應對的服務和溝通方法：

1. 取得顧客的高度信任

金色：時間觀、凡事事先計畫——應用緩衝時間、會延誤務必提前告知（請參閱 P.206）

2. 提出完整全面的服務

綠色：有遠見、謀策略、重視效率——以長遠性的願景思維提出全面性服務規劃（請參閱 P.181）

3. 讓顧客好放心

金色：遵循規則、秩序和流程——清晰溝通規則、流程和步驟（請參閱 P.219）

最後，左頁這張表格是以四色服務人員在該色性格上的優勢和弱勢，來建議當面對到四色顧客時，可以優先掌握的應對方法，讓顧客感到滿意。

顧客／服務人員	藍色	綠色	金色	橘色
藍色	當顧客詢問意見時，真實表達你的意見	表情和悅、語氣溫和、語速放慢	讓顧客有種你很為他著想的感受	專注傾聽、不打斷
綠色	展現專業和自信、不談及隱私問題	給予反饋的互動機會	表達強化效率和成長的思維	以數據、事實來說明效應
金色	說話表述不要太過婉轉	給予全面且縝密的建議	家庭、親情牌能加以應用	條理分明且正確的資訊提供
橘色	積極傾聽且給予顧客他很神的感受	強調立即成效、好處	展現自在、輕鬆熱情的樣態	善用示弱法禮讓顧客

觀察看看你的顧客是哪種顏色吧！

VW00059

出色服務溝通力：善用四色人格溝通力，一眼掌握顧客性格

作　者　莊舒涵（卡姊）
主　編　林潔欣
企劃主任　王綾翊
封面設計　比比司設計工作室
內頁設計　徐思文

總編輯　梁芳春
董事長　趙政岷
出版者　時報文化出版企業股份有限公司
一〇八〇一九　臺北市和平西路三段二百四十號三樓
發行專線　（〇二）二三〇六・六八四二
讀者服務專線　〇八〇〇・二三一・七〇五・（〇二）二三〇四・七一〇三
讀者服務傳真　（〇二）二三〇四・六八五八
郵撥　一九三四四七二四　時報文化出版公司
信箱　一〇八九九　臺北華江橋郵局第99信箱
時報悅讀網　http://www.readingtimes.com.tw
法律顧問　理律法律事務所　陳長文律師、李念祖律師
印　刷　勁達印刷股份有限公司
一版一刷　二〇二四年七月五日
定　價　新臺幣三百八十元
（缺頁或破損的書，請寄回更換）

出色服務溝通力：善用四色人格溝通力，一眼掌握顧客性格／莊舒涵（卡姊）著. -- 一版. -- 臺北市：時報文化出版企業股份有限公司, 2024.07

ISBN 978-626-396-394-8(平裝)

1.CST: 顧客服務 2.CST: 溝通技巧 3.CST: 色彩心理學

496.7　　113007869

ISBN 978-626-396-394-8
Printed in Taiwan